信息时代数字媒体艺术专业系列教材

动漫游戏角色设计

袁琳 著

北京邮电大学出版社
www.buptpress.com

内 容 简 介

　　本书是数字媒体艺术专业动漫游戏方向的专业教材,内容分为角色设计简介、角色设计工具、角色设计的结构基础、角色设计的基础训练、角色设计分类详解和角色设计规范六个部分,由浅入深地讲解了动漫游戏角色设计的设计理论与设计方法。角色设计简介使读者有了一个总体性的认识;角色设计工具主要介绍了角色设计中即将用到的手绘绘画工具与数字绘画工具;角色设计的结构基础从真实的人体结构和人体比例讲起,再对其进行简化,最终设计出生动夸张的角色;角色设计分类详解部分将角色分成简单型与写实型进行讲解,并将绘制方法分成线描造型法与块面造型法;角色设计规范分为动画角色和游戏角色的设计规范,将更有利于动漫游戏作品后续的创作。

　　本书可作为动漫游戏方向等相关专业的教材,也可为动漫游戏设计爱好者提供参考。

图书在版编目（CIP）数据

　　动漫游戏角色设计 / 袁琳著. --北京：北京邮电大学出版社，2013.8
　　ISBN 978-7-5635-3651-1

　　Ⅰ.①动…　Ⅱ.①袁…　Ⅲ.①三维—动画—计算机图形学　Ⅳ.①TP391.41

　　中国版本图书馆 CIP 数据核字（2013）第 195724 号

书　　　名：动漫游戏角色设计
著作责任者：袁　琳　著
责 任 编 辑：陈　瑶
出 版 发 行：北京邮电大学出版社
社　　　址：北京市海淀区西土城路 10 号（100876）
发 行 部：电话：010-62282185　传真：010-62283578
E-mail：publish@bupt.edu.cn
经　　　销：各地新华书店
印　　　刷：北京宝昌彩色印刷有限公司
开　　　本：787 mm×1 092 mm　1/16
印　　　张：11.25
字　　　数：221 千字
版　　　次：2013 年 8 月第 1 版　2013 年 8 月第 1 次印刷

ISBN 978-7-5635-3651-1　　　　　　　　　　　　　　　　定价：42.00 元

编　委　会

名誉顾问：李　杰

主　　任：胡　杰

副 主 任：郑志亮　贾立学　陈薇

编　　委：袁　琳　邱贝莉　马天容　侯明　陈超华

　　　　　朱颖博　徐　丹　曾　洁

丛书总序

数字媒体产业是国家文化创意产业中的重要组成部分，为此，国家十分重视数字媒体教育与专业人才培养。据有关资料统计，截止至2011年，全国共有120余所高校开设了数字媒体艺术专业。数字媒体艺术是一个新专业，它充分体现了21世纪数字化生存的细分与融合，体现了艺术与技术的完美结合。如今，美国的动作大片横扫全球，占据了票房的霸主地位，以迪士尼为代表的动画片吸引了数以亿计儿童的眼球；日本、韩国的游戏、动漫产业亦异彩纷呈、蒸蒸日上；处在高速发展中的中国数字媒体产业将上演怎样的精彩呢！

随着移动互联网在全球的蓬勃发展，中国的移动互联网用户数已领先全球，同时国内数字媒体教育正以突飞猛进之势在高速发展。北京邮电大学世纪学院倡导的数字媒体艺术教育依托信息与通信领域，在移动互联网平台上打造数字媒体特色教育，建设与培养从事数字动漫、游戏、影视、网络等数字媒体产品的艺术设计、编创与制作的高级应用型专门人才。

本系列教材编委会依据数字媒体艺术人才培养规律，不断改革创新，精心策划选题，严格筛选课程，准确定位方向。所选编的教材主要涉及动漫、游戏、影视、网络四个领域，重点针对全国各地开设数字媒体艺术专业的本科院校，提供了一套较为完备的、系统的、科学的专业教材。整套教材的主导思路是重视实践案例剖析，强调理论知识积累，教材十分关注数字媒体产业的发展趋势，努力建设特征鲜明的数字媒体艺术教育资源，重视创作理念、艺术技法、科技手段，倡导"理论指导实践、实践反馈于理论"的教学思想。

此次与北京邮电大学出版社合作，正是基于该社鲜明的出版特色，信息通信领域的广泛影响，期望在此基础上全面建设数字媒体艺术的系列教材，为信息产业增添新的特色，为数字媒体教育做出新的贡献。

本套系列丛书主要由北京邮电大学世纪学院数字媒体艺术专业教研团队倾力完成，从教材总体规划、落实选题、整理资料、作者编写、后期修订到编辑出版，凝聚了众多人的心血与热情。作为培养数字媒体艺术人才的一种尝试和探索，难免存在着这样或那样的不足，衷心希望能得到业内各位学者和专家的批评指正。

《信息时代数字媒体艺术专业系列教材》名誉顾问　李杰

前言

　　角色是动漫游戏作品的灵魂，是我们在欣赏或者创作动漫游戏作品的核心内容，他代表了整个作品的主要形象，是人们记住这部作品的重要前提。

　　随着动漫游戏产业的不断发展与进步，本教材的编写为立志从事动漫游戏领域创作的各类人才提供基础的创作方法，由浅入深、循序渐进的对角色设计的方法进行了介绍，并与时俱进地进行内容的讲解与充实，为数字媒体教育贡献绵薄之力。

　　本书是数字媒体艺术专业动漫游戏方向的专业教材，内容分为角色设计简介、角色设计工具、角色设计的结构基础、角色设计的基础训练、角色设计分类详解和角色设计规范六个部分，内容由浅入深地讲解了动漫游戏角色设计的设计理论与设计方法。

　　角色设计简介主要对角色设计的概念进行了阐述，并将国内外角色的发展历史进行了讲解，按照漫画、动画和游戏的角色做了详细的介绍，使读者有了一个总体性的认识；角色设计工具主要介绍了角色设计中即将用到的手绘绘画工具与数字绘画工具；角色设计的结构基础从真实的人体结构和人体比例讲起，再对其进行简化，最终设计出生动夸张的角色；角色设计分类详解部分将角色分成简单型与写实型进行讲解，并将绘制方法分成线描造型法与块面造型法；角色设计规范分为动画角色和游戏角色的设计规范，将更有利于动漫游戏作品后续的创作。

　　本书针对的是在校的动漫游戏方向的学生和动漫游戏设计爱好者，内容浅显易懂、图文并茂，适用于初学动漫游戏角色设计的读者进行学习与训练，通过本书的学习，可以对各种类型角色设计进行学习，最终掌握动漫游戏角色设计的方法与技能。

　　希望本书能够为热爱动漫游戏作品创作的爱好者或者学生提供有用的价值与参考，为将来进行动漫游戏产品的制作打下坚实的基础，以满足当今飞速发展的动漫游戏产业的需要。由于水平和时间有限，书中难免存在错误和不足之处，敬请读者批评指正。

目录
CONTENTS

绪　论   1

第一章　角色设计简介   4

一、角色设计的概念 / 6

二、国外角色设计发展 / 7

三、国内角色设计发展 / 9

四、漫画角色 / 15

五、动画角色 / 19

六、游戏角色 / 21

第二章　角色设计工具   25

一、传统绘画工具 / 25

二、数字绘画工具 / 31

三、数字绘画软件 / 33

第三章　角色设计的结构基础   35

一、人体比例 / 36

二、人体骨骼 / 42

三、人体肌肉 / 46

四、人体脂肪 / 54

五、简化形体 / 56

六、人体透视 / 63

第四章 角色设计的基础训练　　76

一、角色设计的线条 / 77

二、角色的基本形 / 82

三、角色的姿势与剪影 / 96

四、夸张与变形 / 115

五、角色拟人化 / 127

第五章 角色设计分类详解　　132

一、简单型角色设计 / 134

二、写实型角色设计 / 142

三、线描造型法 / 148

四、块面造型法 / 152

第六章 角色设计规范　　158

一、动画角色设计规范 / 158

二、游戏角色设计规范 / 164

参考书目　　168

绪论

说起漫画、动画、游戏作品，人们首先想到的是里面活灵活现、富于个性的角色。还记得小时候看过的《黑猫警长》、《葫芦娃》、《大闹天宫》、《机器猫》、《阿拉蕾》、《米老鼠与唐老鸭》吗？还记得小霸王游戏机里的游戏《魂斗罗》《超级玛丽》《忍者神龟》吗？这些动漫游戏给我们留下了深刻的不可磨灭的记忆，这些角色设计性格鲜明，给整部作品的成功做出了极大的贡献，伴随着一代又一代人长大（图1）。随着时代的进步，动漫游戏作品在我国也逐渐成为创意产业的主流，若想成

图1　经典动漫角色

为一名专业的动漫游戏制作人员，必须要掌握一定的专业知识技能，全面提高自己的素养，而角色设计是动漫游戏设计的重要环节，也是其中最基础的技能，需要不断进行实践。

一部经典的电影除了精彩的故事剧本，还需要能够将剧本中的情节变成画面的演员，一个好的演员是决定一部电影成败的关键。电影《阿甘正传》中的阿甘（图2），智商不高却拥有异于常人

图2　《阿甘正传》

1

的奔跑能力，执着的精神使得他取得成功。《海上钢琴师》中的1900，拥有非凡的钢琴天分但是惧怕陆地，最终选择放弃爱情留在了他一生都没有下过的船上。《乱世佳人》中的斯嘉丽，她敢爱敢恨，观众无不被她的爱情故事深深打动（图3）。《天使爱美丽》中的艾米丽，一个现代版的灰姑娘，她明媚、纯净的笑容打动了无数人。《闪闪的红星》里的潘冬子机智、勇敢，是我们少年时的偶像（图4）。《秋菊打官司》里倔强的秋菊性格鲜明，为扮演者带来极高的荣誉（图5）。所有这些经典影片中，演员所塑造出的一个个个性鲜明、具有魅力的形象给我们留下了深刻的印象，当我们提起某部电影的时候，脑海里会立刻浮现出这些角色的音容笑貌，这就是一部成功的电影，一个成功的角色。记得小时候的一个有趣的情节，电视剧《新白娘子传奇》中，许仙被戴上手铐押往刑场，我不禁惊呼："人家许仙一个女儿家怎么能……？！"当时遭到了周围朋友的嘲笑，这时我才恍然大悟，原来是这个角色由女生扮演，许仙当然是男生了！这件事给我的印象实在太深了，可见角色对一部作品的影响力（图6）。

图3 《乱世佳人》　　　　图4 《闪闪的红星》　　　　图5 《秋菊打官司》

图6 对许仙的误会

　　动漫游戏作品中的人物一般在现实生活中是不存在的，或者是经过再加工的，这些角色依靠设计师的设计，使一个没有生命的虚拟形象变成一个鲜活生动的形象，带给人们真实的感受。而这些角色就相当于电影中的演员，它们是虚拟的演员，来自于生活。

　　以动画为例，动画里的角色是动画艺术家创造的演员，他们担负着演绎故事、推动戏剧情节以及揭示人物性格、命运以及表达影片主题的重要任务。美国的动画片《狮子王》中塑造了一系列性格鲜明的角色，大反派刀疤枯瘦的身形下，暗藏着狡猾卑鄙的用心（图7）。木法沙强壮、聪明、勇敢，是一个真正的领袖。辛巴执着、勇敢，最终成为荣耀王国的守护神。丁满和彭彭有一颗热情的心，是真正的朋友。这部动画之所以取得巨大的成功，和这些角色的成功塑造密不可分，这些角色就像一个个优秀的演员，深深地吸引观众进入到影片的情节中去。

图7　《狮子王》中的刀疤

第一章
角色设计简介

设计角色首先要弄清楚什么是角色设计。以动画的制作流程为例，角色设计属于前期设计的一个环节，一部完整的作品首先要进行前期的工作，策划后完成文字剧本，之后就要开始进行角色设计、场景设计与画面分镜头设计，这个环节在整个动画制作流程中处于重要的位置，并贯穿剧本、分镜头、设计稿、原动画、描线、上色等重要步骤，它直接决定了画面分镜头以及整部影片最终呈现给观众的感觉。

动画作品前期设计包括策划、编剧、剧本、场景设计、角色设计、画面分镜头设计，这是一切动画制作的基础（图1-1）。

图1-1　动画作品前期设计

二维动画作品中期制作包括原画动画、动画测试、勾线上色等，是最辛苦的工作部分（图1-2）。

图1-2　二维动画作品中期制作

三维动画作品中期制作包括建模、角色绑定与动画、灯光材质、渲染等，主要是利用计算机来完成创作（图1-3）。

图1-3　三维动画作品中期制作

动画作品后期合成包括音乐、音效、后期特效、剪辑、合成、输出等，属于动画后期的整合修饰部分（图1-4）。

图1-4　动画作品后期合成

一、角色设计的概念

解释角色设计这个概念之前，我们应该了解角色设计的应用领域，除了本书所说的漫画、动画、游戏之外，还包括影视、网站设计、广告、吉祥物、绘本、模型手办等领域，可以说在这个充满创意的时代一切视觉媒体都会用到角色设计。角色设计就是给一切视觉媒体创造富有个性、充满魅力的虚拟角色造型。这个造型包括角色的外形、转面、表情设计、动作设计等一切与角色相关的内容，目的是使这个角色在观众看来可信，虽然它是虚拟的。

动漫游戏角色设计就是为动漫游戏作品进行的角色设计，设计角色要根据动漫游戏作品的要求来进行，一般来说都会有一个文字性的说明，设计师要按照文字说明将角色从无到有地创造出来。这是一个充满创造力的工作，同时它也会"谋杀"我们大量的脑细胞（图1-5）！

图1-5　创造力

二、国外角色设计发展

说到角色设计的历史，可以追溯到远古人类留在山洞石壁上的绘画。而本书定义的角色设计大约从19世纪末开始，从当时的漫画杂志上可以看到角色造型设计的雏形，我们以动漫产业发达的美国为例来介绍国外角色设计的发展。

1894年美国《纽约世界》杂志上的《黄孩子》漫画创造了一个角色，主人公是一个年纪大约六七岁的男孩，他有着光秃秃的脑袋，大大的耳朵，穿着宽大破旧的长袍睡衣，"黄孩子"不但成为连环漫画的知名形象，他还有大量的周边产品，包括玩具、塑像、广告招贴等，"黄孩子"是历史上公认的美国第一个连环漫画人物，作者理查德·奥特卡特成为美国连环漫画的创始人（图1-6）。

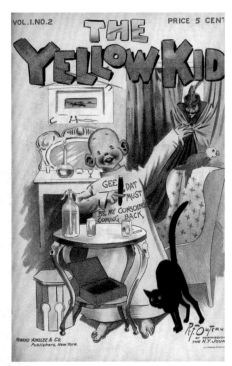

图1-6　黄孩子

1898年，米其林兄弟无意中发现堆在一起的轮胎很像一个人的形状，于是一个由许多轮胎组成的人物角色诞生了，这个米其林轮胎人叫做"必比登（Bibendum）"，他的中文名称为"米其林轮胎先生"。从此他成为了米其林公司个性鲜明的象征。一个多世纪以来，必比登以他迷人的微笑，肥胖可爱的形象，把欢乐和幸福几乎带到了世界的每个角落，已经成为家喻户晓的亲善大使，米其林公司也因此而扬名天下（图1-7）。

提起动画角色，不得不提到一部动画，那就是1914年温瑟·麦凯的动画《恐龙葛蒂》，它改变了此前人们普遍把动画当成纯艺术形式的概念。虽然今天看来其动画技术很稚嫩，但是在当时这只憨态可掬、可爱任性的恐龙葛蒂引起了轰

图1-7　米其林

动，成为名噪一时的卡通明星，从此动画明星也可以像真人明星一样被观众接受和喜爱（图1-8）。

1917年，苏立文创作了美国动画史上第一个有个性魅力的动画人物"菲力猫"。菲力猫起初只是一个充满好奇心、喜爱恶作剧且富有创造力的小角色，但其后来的受欢迎程度却超越了当时的电影明星。他黑黑的身体矮胖笨拙，白白的脸上扑闪着大大的眼睛，笑起来则会咧着大大的嘴巴。这一形象立刻为人们所熟知。菲力猫也被誉为首位真正意义上的动画电影明星（图1-9）。

1928年的《蒸汽船威利》是全世界第一部有声动画片，此片的问世标志着米老鼠形象的诞生。这部动画片的主角米老鼠将老鼠的形象进行了颠覆，塑造了一个勇敢、善良、乐观的角色，自问世以来就以可爱的形象和幽默的性格获得了观众的喜爱，后来成为世界上寿命最长、回报率最高、最具标志意义的角色设计，是米老鼠的设计开创了迪斯尼动画帝国的伟业（图1-10）。

爱吃菠菜并叼着烟斗的大力水手在1929年被漫画家埃尔兹·西格创造出来，这个角色有着夸张的肌肉，"吃了菠菜就能力大无穷"是他的口头禅，他也成为了我们童年的美好记忆（图1-11）。

1937年的《白雪公主》是迪斯尼的第一部彩色动画影片。影片塑造的白雪公主在造型上既保留了真实的人类比例，又在此基础上对人物进行了夸张，突出女性柔美、可爱的一面。后来我们看到的《小美人鱼》、《美女与野兽》、《阿拉丁》、《仙履奇缘》这些动画中的

图1-8　恐龙葛蒂

图1-9　菲力猫

图1-10　《蒸汽船威利》

图1-11　大力水手

女主角，都拥有和白雪公主共同的造型特征，成为日后迪斯尼动画女主角的典范与风格。《白雪公主》成功地开启了动画史的新纪元，为迪斯尼今后动画的发展打下了坚实的基础（图1-12）。

国外角色设计还在不断发展，角色在作品中起到的作用越来越不可忽视，甚至超越了作品本身的价值。

图1-12　《白雪公主》

三、国内角色设计发展

学习角色设计必须要了解国内角色设计的历史，现在我们面临的一个很大的问题就是设计的角色受到欧美、日本的影响，缺乏中国本土特色，这和中国老一辈艺术家比起来实在是令人惭愧的事情。这一节我们就来了解我国角色设计发展的历程。以动画为例，由于中国动画风格与造型多样，本书不作一一介绍，特挑选一些经典角色进行举例。在欣赏这些经典角色造型的同时，共同体会一下老前辈们多变的造型手法和中国传统文化与角色造型的完美结合。

1935年，一个叫三毛的孩子诞生了，他身世凄凉，饥寒交迫，受尽欺辱，贫穷得只剩下三根头发，这个经典的角色出自中国杰出的漫画家张乐平之笔。三毛的形象很好地诠释了旧社会底层人民的困苦生活，将流浪儿童在旧社会被奴役、被欺负、被凌辱、被践踏的悲惨遭遇表现得淋漓尽致。这部作品揭露了人间的冷酷、残忍、丑恶，欺诈与不平，深深刺激着我们的神经，看完引人深思，三毛的形象也深深地烙印在我们的脑海中，成为经典（图1-13）。

图1-13　《三毛流浪记》

万氏兄弟是中国动画的开拓者，为中国动画的发展做出了很大的贡献（图1-14）。1941年，受到美国动画《白雪公主》的影响，标志着中国动画水平接近世界领先水平的第一部大型动画电影《铁扇公主》由万氏兄弟制作完成。影片设计新颖，形象生动，孙悟空的72变，铁扇公主的种种妖法，被描绘得活灵活现，出神入化。此片还将中国的山水画搬上银幕，第一次让静止的山水动起来，并吸收了中国戏曲艺术造型的特点，赋予每个重要角色以鲜明的个性特征，使之具有浓郁的民族特色，在世界电影史上，它是紧逼美国的《白雪公主》、《小人国》和《木偶奇遇记》之后的第四部大型动画艺术片（图1-15）。

中国动画人善于尝试使用不同的动画制作方法，大胆使用中国的传统艺术形式，如剪纸艺术、水墨画、折纸艺术、木偶，等等，把动画片的先进制作技术与中国引以为荣的民族艺术相结合，使得中国动画达到了一个巅峰。上海美术电影制片厂拥有一大批优秀的原创动画创作者，他们凭借对中国动画和民族文化深深地热爱创造了大量高质量的动画作品和家喻户晓的经典动画形象。

1955年的木偶美术片《神笔马良》是动画电影"中国学派"开山之作之一，在国际上屡获大奖。作品取材于民间传说，采用木偶逐格拍摄的手法完成，人物造型朴实且具有中国特色，深刻而又易懂的道理蕴涵其中。作品在探索民族民俗方面，取得了成功的经验，为美术片的民族化指明方向（图1-16）。

1956年《骄傲的将军》中的角色造型民族特色十足，在创作上借鉴了中国传统戏曲尤其

图1-14　万氏兄弟

图1-15　《铁扇公主》

图1-16　《神笔马良》

是京剧的许多元素，例如将军的脸谱画便借鉴了京剧人物造型，在动作的设计上也采取了京剧的风格（图1-17）。

1959年《渔童》是笔者童年印象最深刻、最喜欢的动画之一。动画采用的是中国传统的剪纸风格，小渔童从渔盆出来的造型极富美感，老渔夫正义勇敢的形象、洋鬼子卑鄙贪婪的嘴脸、县官谄媚迂腐的造型，甚至每个配角的造型都无处不透着浓厚的中国本土特色（图1-18）。

20世纪60年代，随着中国动画人对民族性这一环节认识的不断提高，中国人文精神的重要环节——水墨画终于与动画片联姻了，折纸片也加入了动画大家庭。动画的题材也渐渐丰富起来。中国动画迎来了第一个创作高潮。

1961年至1964年制作的《大闹天宫》，可说是当时国内动画最具代表性的作品，从人物、动作、画面、声效等方面都达到了当时世界的最高水平。孙悟空这个动画形象成为一代人的偶像与回忆。《大闹天宫》的美术设计张光宇是孙悟空的设计者，动画中的很多造型元素都来自于他的绘画作品《西游漫记》中的设计元素（图1-19）。张光宇的装饰画在民族艺术的基础上，吸取国外美术中的优秀成分，形成形式感极强、富有民族趣味的时代感。《大闹天宫》中孙悟空穿着鹅黄色上衣，腰束虎皮短裙，大红的裤子，足下一双黑靴，脖子上还围着一条翠绿的围巾，导演万籁鸣用八个字称赞他："神采奕奕，勇猛矫健"。任何一个动

图1-17　《骄傲的将军》

图1-18　《渔童》

图1-19　张光宇《西游漫记》

画人，都不会无视《大闹天宫》在国内甚至国际动画界的影响和地位。美猴王已成为世界亿万人民喜爱的艺术典型，为祖国和人民赢得巨大荣誉（图1-20）。

图1-20　《大闹天宫》

1977年，中国动画电影从濒临死亡的状态进入了第二个繁荣时期。艺术形式也再次成为动画人强调的主题。一些篇幅短小的片子既有鲜明的民族风格，又有现代意识，它以简洁奇特的置景、幽默夸张的人物和轻松诙谐的音乐揭示出深刻的道理。中国动画的艺术风格也形成了独树一帜的"中国学派"。

1979年，取材于古典文学作品的动画《哪吒闹海》横空出世。这部被誉为"色彩鲜艳，风格雅致，想象丰富"的作品，在国外深受欢迎。它以浓重壮美的表现形式再一次焕发出民族风格的光彩（图1-21）。

1980年的《三个和尚》是根据中国民间谚语改编而成的："一个和尚挑水喝，两个和尚抬水喝，三个和尚没水喝。"在艺术风格上，本片采用戏曲表演的"写意"手法。人物设计造型别具一格，具有强烈的个性，寥寥几笔就完全表现出了三个人物的不同性格，既具有幽默感，又给人以朴拙、善良的美感。在场景造型上，参考了一些中国传统的绘画技法，如绘有山、水、庙的大全景具有水墨山水画造型的味道，影片还把西方动画片的现代漫画表现手法，巧妙地结合并融汇在民族风格之中。生动

图1-21　《哪吒闹海》

活泼的画面形象中蕴涵着深刻的道理（图1–22）。

1983年的《天书奇谭》在人物的造型设计方面很好地继承了中国传统装饰绘画的特色，年画，京剧，绍兴泥娃娃，充满了与民间文化有关的元素。整个影片也充分运用许多民族的东西。众多人物的刻画无不栩栩如生，蛋生、袁公、狐狸精、县太爷、府尹、小皇帝都个性鲜明，尤其是整个影片的中心角色——三只狐狸精，更是造型各有特色、性格鲜明，叫人印象深

图1-22　《三个和尚》

刻。无论在故事的原创还是人物造型、动作设计、人物对白方面无不创下了一个中国动画的高峰（图1-23）。

图1-23　《天书奇谭》

1986年至1987年的《葫芦兄弟》是上海美术电影制片厂最成功的原创作品，整部动画采用剪纸的造型风格，人物造型设计富有中国民间造型特色，七个葫芦娃造型可爱，有着大大的眼睛，头部是葫芦造型，身着不同颜色的服装，蛇精、蝎子精、爷爷、穿山甲等角色都经过了创作者精心的设计，是当之无愧的国产美术动画艺术精品（图1-24）。

20世纪90年代国外动画大量涌入我国，中国动画原创力量遭遇断代，年轻的动画人纷纷

图1-24　《葫芦兄弟》

转向制作商业利润更高的国外动画，愿意付出时间和精力做原创的人少了，老一辈的动画人无法将"中国学派"进行传承，这个时期的角色造型充满了日本与迪斯尼的影子，中国风格越来越被遗忘。

1999年，结合我国传统神话传说制作的大型动画《宝莲灯》是一部里程碑式的动画作品。这部作品给处于原创低迷期的中国动画打了一针强心剂，让我们重新燃起了对中国动画的希望。这部作品模仿迪斯尼的运营模式，在风格造型上也有迪斯尼的影子，尤其是其中那只小猴子的角色定位。虽然这部动画给了我们希望，却也令人感到痛心，因为我们再也无法从中找出当年中国动画辉煌时期的影子，中国动画变成了外国动画的山寨版，曾经的"中国学派"一去不复返（图1-25）。

图1-25 《宝莲灯》

虽然中国动画经历了低迷期，但现在越来越多的动漫爱好者开始纷纷投入到这个行业。中国动画近些年来也逐渐有复苏的迹象，尤其是一些学院作品也屡屡获得国际大奖，让我们看到了未来中国动画的希望。商业动画方面，面向低幼的《喜羊羊与灰太狼》系列动画和面向高年龄段的动画《魁拔》也取得了显赫的成绩，为中国动画走向产业化迈出了一大步。

港台动画也有自己的特色，其中也不乏优秀作品。在2003年年底，一只粉红色的小猪很轻易地打动了我们的心，他就是《麦兜》。麦兜是属于香港自己特有的动画形象。他是一只普通的猪，没有复杂的造型，只有漫画版简单的造型和憨憨的表情，在生活节奏和压力如此之大的社会，这只小猪为我们带来了欢乐与放松（图1-26）。

图1-26 《麦兜》

四、漫画角色

漫画发展到今天如此发达的程度，其作品风格可以说是包罗万象，本书无法将所有类型都囊括其中，本节将几种典型的漫画角色风格介绍给大家，作为对漫画角色的基本了解。

1. 简笔漫画角色

简笔漫画角色是指漫画角色的造型比较简单，往往是一些基本型的组合，角色造型有很强的符号性。在各个国家都有著名的简笔漫画角色。

日本漫画面向的读者群有很细致的划分，面向对象为6~11岁的儿童漫画很多都是简笔漫画角色。这些漫画造型可爱，有着简笔画一样的造型，故事主题明朗积极或温馨，如《铁臂阿童木》（图1-27）、《哆啦A梦》和《樱桃小丸子》等（图1-28）。

图1-27　《铁臂阿童木》

图1-28　《樱桃小丸子》

15

欧美的漫画角色分类也较细，其中简笔漫画类型的角色有《花生漫画：史努比》（图1-29）、《加菲猫》（图1-30）等著名的卡通形象，这些漫画大多以四格或者多格的形式来创作故事，故事内容幽默、角色塑造性格鲜明，往往作为工作之余的休闲阅读。

图1-29　《花生漫画》史努比　　　　　　　　图1-30　《加菲猫》

2. 写实漫画角色

提起美国写实漫画，我们首先想起的就是超人或者蝙蝠侠这样的漫画英雄！美国漫画英雄都拥有健美的身材，身穿特殊的服装，拥有异于常人的超能力，他们的职责就是伸张正义，为民除害。在全球范围内，美式英雄漫画拥有大量的粉丝，可能是因为每个人都希望自己能拥有那样的超能力，美式英雄漫画替我们完成了梦想。

他的速度比飞行的子弹还要快，力量比火车头还要大。纵身一跃便能越过高楼。1938年，一个穿着蓝色紧身衣、披着红披风的人问世了。他的胸前有着盾形的S标记，将一辆汽车高高举过头顶！这就是超人——Superman，世界上第一位，也是最伟大的超级英雄（图1-31）。

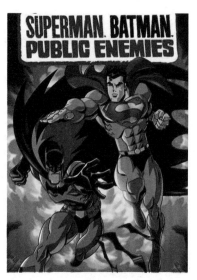

图1-31　《超人》

蜘蛛侠也是著名的美式英雄漫画角色，与超人和蝙蝠侠略有区别的是，蜘蛛侠并没有被设计成肌肉发达的体型，由于他特殊的飞檐走壁的超能力，蜘蛛侠看上去更瘦更灵活，他红色的服装更成了他的标志（图1-32）。

日式写实漫画的角色拥有与真实的人物差不多的比例，但相较美式肌肉男来说，日式的写实漫画人物造型较为接近普通人，只在人物的五官和身材刻画上进行了一定的简化，更符合人们的审美。比较有名的写实漫画有北条司的《城市猎人》（图1-33），井上雄彦的《灌篮高手》等（图1-34）。

图1-32 《蜘蛛侠》

图1-33 《城市猎人》

图1-34 《灌篮高手》

3. 半写实漫画角色

半写实漫画角色占据了漫画的大部分比例，日式少年漫画就属于此类，这类漫画主题比较积极热血，造型更为硬朗，主角多是拥有普通外表而内心强大的少年，少年漫画作品主题大多是"努力、友情、胜利"。如《幽游白书》、《灌篮高手》、《钢之炼金术师》（图1-35）、《乱马1/2》（图1-36）等。

图1-35　少年漫画《钢之炼金术师》

图1-36　少年漫画《乱马1/2》

4. 唯美漫画角色

唯美漫画主要是指少女漫画类型，这类漫画最大的特点是造型唯美，符合女性的审美需求。在日本漫画中，女性角色多拥有大大的眼睛、飘逸的长发、曼妙的身材，故事中的主要角色不是白富美就是飞上枝头变凤凰的普通邻家女孩，男性角色多为高富帅，个头挺拔、长相英俊。少女漫画是用来满足女性梦想的漫画，在主题上多为浪漫和积极的，故事情节在现实生活中多半不会发生，如《月光迷情》（图1-37）、《花冠安琪儿》、《凡尔赛的玫瑰》（图1-38）、《美少女战士》等。

图1-37　少女漫画《月光迷情》

图1-38　少女漫画《凡尔赛的玫瑰》

五、动画角色

商业动画和艺术动画是动画中的两大分类，两者美术风格及其造型的设计具有各自鲜明的特点。

1. 商业动画

商业动画也是主流动画，它以票房和赢利为主要目的，衍生品设计较丰富，美术风格及其人物造型方面符合大众审美及价值观取向，迪斯尼的动画角色造型都属于商业动画造型的范畴，比如《料理鼠王》（图1-39）。

图1-39　商业动画《料理鼠王》

2. 艺术动画

艺术动画不以商业赢利为目的，他在创作内容上更加突出艺术家本人的个性表现，在美术风格上大胆尝试更多艺术风格和创作手法，这类型动画观众群体较少，动画长度多为短片，作者以学生作品及其独立制作人为主要群体，例如加拿大艺术动画《两姐妹》，短片用刮胶片的手法做出特殊的艺术效果，在角色造型上也不循规蹈矩，而是具有导演独特的审美与表达（图1-40）方式。

图1-40　艺术动画《两姐妹》

3. 学院动画

学院动画是指学生在学校期间创作的动画短片，这类短片具有很强的实验性，没有商业目的，学生在校期间尝试用不同的创作手段或材料进行创作研究，往往带有强烈的风格与个性特点，动画短片《冤》是笔者在校期间创作的一部具有中国传统风格的动画短片，其中借鉴了我国早期上海美术电影制片厂的很多风格特征，具有鲜明的"学院派"风格（图1-41）。

图1-41 学院动画《冤》

4. 网络动画

网络动画是指以通过互联网作为最初或主要发行渠道的动画作品。网络动画由于受到网速和硬件设备的限制，多以线条简单、色彩简洁的Flash动画为主，由于Flash只需很小的体积即可储存大量信息，便于传播，很快开始在互联网流行起来。网络动画的作者多以个人为主，内容则多为小品动画或MV作品。韩国的网络动画发展速度迅速，产生了一大批优秀的网络动画和卡通角色，《流氓兔》就是其中的精品，这个角色完全颠覆了兔子天真可爱的印象，变成了一只贱贱坏坏的蔫兔子，在网络上大红大紫（图1-42）。

图1-42 网络动画《流氓兔》

5. 儿童动画

随着人们生活水平的不断提高，儿童动画的创作成为一个独立出来的部分，主要是培养孩子的认知能力、良好的生活习惯以及活跃的思维能力。儿童动画作品往往由一系列动画角色构成，角色造型符合儿童的审美，没有复杂的造型，多以简单的形态、鲜艳的颜色、活泼的动作、有趣的故事情节来进行创作，迎合儿童的心理。比较有名的作品有日本的《巧虎》、西班牙的《小P优优》等（图1-43）。

图1-43　儿童动画《小P优优》

六、游戏角色

随着游戏产业的发展，网游的大规模兴起，玩家将游戏中的角色幻想成自己，更快地融入到游戏的体验中去。游戏角色作为使玩家进入游戏情境、体验游戏的重要渠道，游戏制作者开始将游戏角色的设计作为游戏设计的重点，从而产生了大批知名的游戏角色，这些游戏角色的人气绝不亚于动漫角色或者真实的明星，在角色设计范畴内占据着举足轻重的位置。

1. 写实游戏角色

写实游戏角色面向对象多为青年和成年人，这种游戏中的角色设计以真实的人物作为造型范本，追求与现实世界相仿的真实感，比如一些运动类型的游戏《FIFA足球》（图1-44）或者体感游戏《运动会》等，玩家在操作角色的时候仿佛身临其境。著名的写实游戏角色还有充满冒险精神的《古墓丽影》（图1-45）、《极品飞车》等。

图1-44　《FIFA足球》

图1-45 《古墓丽影》

2. 魔幻游戏角色

魔幻游戏是指魔幻题材的电玩游戏，其中也包括写实的造型。魔幻游戏往往拥有其独特的世界观，角色都拥有超自然的力量或者魔法，在造型上基于现实却又有别于现实，角色的造型上追求新颖与魅力，要给玩家塑造一种吸引力，目的是带领玩家进入到魔幻的世界中去，魔幻游戏目前是网络游戏、单机游戏中最受欢迎的游戏类型，由于它虚拟的世界和华丽的造型，能给人带来视觉与心理上的双重享受。比较有名的魔幻游戏有《魔兽世界》（图1-46）、《最终幻想》、《仙剑奇侠传》（图1-47）等。

图1-46 《魔兽世界》

图1-47 《仙剑奇侠传》

2．卡通游戏角色

还有一类广受女性玩家和青少年玩家喜爱的游戏风格类型是卡通风格的游戏，在单机游戏、手机游戏和网页游戏中这种游戏类型占的比重很大，这种游戏主要用于休闲娱乐，没有气势磅礴的写实造型，而是将角色的造型和色彩设计得可爱而有创意，风格多样，让人们在游戏的同时得到美的享受，同时也让忙碌的生活得到放松。这种游戏类型的作品很多，如《超级玛丽》（图1-48）、《乐克乐克》（图1-49）、《机械迷城》（图1-50）、《啪嗒砰》（图1-51）等。

图1-48　《超级玛丽》

图1-49　《乐克乐克》

图1-50　《机械迷城》

图1-51　《啪嗒砰》

23

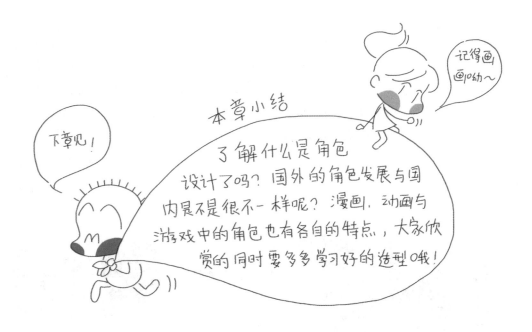

阶段练习:

1. 选择自己喜欢的一部电影，分析其中给你留下深刻印象的角色，尝试着把他（她）临摹下来。

2. 选择自己喜欢的一部漫画或者动画，分析其中给你留下深刻印象的角色，尝试着把他（她）临摹下来。

3. 选择自己喜欢的一款游戏作品，分析其中给你留下深刻印象的角色，尝试着把他（她）临摹下来。

第二章
角色设计工具

"工欲善其事，必先利其器"，在进行角色设计与绘制之前，我们必须对绘制所使用的各种工具进行了解，找到适合自己的工具，才能更好地进行后面的学习。

本章将分别介绍绘画中会用到的工具并加以说明，找到适合自己的绘画工具能使你的工作充满乐趣与动力。

但不管采用何种形式进行创作，其基本思路是相同的，手绘是一切的基础，要充分进行练习，提高自己的绘画素质与造型能力，其他都只是工具而已。

小提示

一、传统绘画工具

传统的动漫画绘制采用的都是有纸作业，从构思草图、绘制线稿直到上色全部在画纸上完成，这种方法绘制出的作品往往生动、充满灵性，需要创作者具有一定的绘画功底与较强的造型能力，因为在绘制过程中偶然性较大，并且不可被进行大幅度的修改，同时艺术价值也最高。

1. 速写本

速写本是角色设计创作中必不可少的工具（图2-1）。它应该一直装在你的包里，当你有灵感闪现或者看到一些值得记录的情景时，快速地把它们记录下来（图2-2），坚持画速写是每个角色设计师的必修功课。

图2-1　速写本

速写本种类很多，可以根据自己的需要进行选择，作为随身携带的速写本，尽量不要选择太大太厚的，纸张也要选择适合的厚度，以不透为准则

图2-2　速写作品（袁琳画）

2. 纸张

手绘角色打草稿阶段用什么纸并没有特别的要求，可以用便宜经济的稿纸、复印纸，甚至带格子的笔记本纸都可以（图2-3a）。若是比较正规地进行绘图，用纸就要注意一下了，要选择质量较好的复印纸、绘图纸（图2-3b）或者漫画专用稿纸。水彩纸适合绘制水彩颜料画，水彩纸吸水力比一般的纸强很多，纸面纤维强，反复涂抹不会破裂。水彩纸分很多种类，有一般的练习用水彩纸比较便宜，手工水彩纸法国canson的"阿诗（ARCHES）"较贵，canson有种三面封胶的水彩本很好用，不用裱纸画画也不会起皱（图2-3c）。

（a）如果是用作练习或者仅仅是用来绘制黑白底稿，那么普通的复印纸就够了，可以再扫描到电脑中进行色彩绘制

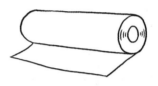

（b）绘图纸洁白、光滑，且具有一定的吸水性，擦后不起毛，很适合进行墨水稿与彩稿的绘制，重量在80~100 g为好，尺寸可以裁成A4、A3、B5等大小使用

（c）水彩纸适合绘制水彩颜料画

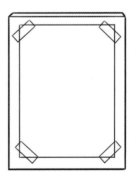

（d）如果是单张的水彩纸，在绘画之前最好先"裱纸"在画板上，画的时候很方便，画完后晾干，再裁下来不会起皱，不影响画面效果

图2-3　纸张

3. 画笔

用来绘图的画笔种类很多，只要能用来写字的笔都能用来画画。铅笔分成普通铅笔（图2-4a）、自动铅笔（图2-4b）、彩色铅笔（图2-4c）。如果是用来勾线，最好选择线条比较丰富的蘸水笔（图2-4d），现在也有专门用来勾线的绘图笔。毛笔大多用来绘制大面积颜色（图2-4e），水彩的绘画还有专门的水彩笔（图2-4f）。

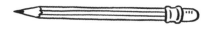

（a）铅笔的作用是起稿，铅芯要选择HB~4B的为最好，太硬会划伤画纸，太软容易弄脏画面

（b）自动铅笔和普通铅笔作用一样，不同之处在于它很方便，省去了削铅笔的麻烦，有多种铅芯可以选择，常用的有0.5 mm和0.7 mm

（c）彩色铅笔是很容易掌握的上色或草图工具，在任何类型的画纸上它都能均匀着色，彩铅分为水溶性与非水溶性两种，水溶性彩铅在绘制完成后可以用毛笔进行晕染，效果类似于水彩，色彩亮丽、操作简便

（d）蘸水笔为勾墨线常用工具，蘸水笔绘制的线条比较富于变化，但需要经常练习以适应蘸水笔的属性

（e）毛笔要选择笔头锥形、笔杆挺直的毛笔，大的毛笔可以晕染大面积色彩，小的狼毫毛笔可以用来勾线或者勾画细节

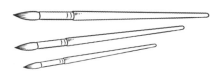

（f）水彩笔笔头较丰满，含水量大，很适合用来绘制水彩画，要选择笔头柔软、不易掉毛的水彩笔，一般大、中、小各一支就够了

图2-4 画笔

4. 橡皮

铅笔不能没有好搭档橡皮，如果画错了可以用橡皮擦掉，或者用橡皮也可以擦出漂亮的肌理，橡皮分为普通橡皮（图2-5a）和可以捏成任意形状的可塑橡皮（图2-5b）。

（a）橡皮在手绘铅笔稿阶段非常常用，4B橡皮质地柔软，适合擦除较软的铅笔痕迹

（b）可塑橡皮多用在修改细节或者制作一些特殊的纹理效果中，他非常柔软，可以捏成不同的形状来擦除比较特殊的部位

图2-5　橡皮

5. 颜料

用来绘制黑白稿件使用墨水（图2-6a）或者墨汁（图2-6b），绘制彩色稿件可选择的余地就更大了，除了彩色铅笔之外，还有色粉（图2-6c）、水彩颜料（图2-6d）、固体水彩颜料（图2-6e）、水粉、丙烯、油画、蜡笔等。

（a）绘图墨水是蘸水笔常用的颜料，多用来进行正稿的描线，比起普通墨水，绘图墨水不容易渗透，能保持较好的浓度

（b）墨汁稀释后也可以作为绘制线稿的颜料，稀释的浓度要掌握好，否则使用过程中容易弄脏纸面

（c）色粉笔多用来绘制彩色稿件，色粉笔分为硬质与软质两种，笔者最喜欢用的是上图的软质色粉笔，绘制出来的色彩细腻、柔和

（d）水彩颜料最常用的是管状水彩，需要调色盘来进行稀释调色，水彩透明度较高，颜色之间重叠会产生丰富的效果，要多加练习才能更好地掌握

（e）块状水彩颜料是一种便携水彩颜料，调色盘和颜料块只有手掌大小，方便写生时携带和使用，画画时配合自来水笔使用，节省了带刷笔筒和涮笔的程序，但价钱较贵，可根据情况选择

图2-6　颜料

6. 拷贝台

绘制完草稿后，借助拷贝台可以将草稿再用干净的稿纸进行清稿，非常方便，拷贝台也是进行传统动画制作的工具之一（图2-7）。

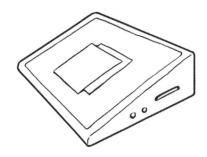

图2-7　拷贝台又叫透写台，是用来辅助绘制动画和插画的工具，可以将多张纸张放在透写台上，通过光的穿透作用可以看到下层纸张上绘制的图形，从而在上层的纸张上进行参考绘制，是手绘作业的必备工具之一。

二、数字绘画工具

数字时代来临，电脑与手绘板逐渐普及，在很大程度上替代了手绘作业，某些作品采用半无纸化操作，将绘制完成的手绘线稿利用扫描设备输入到电脑中，利用软件进行上色，大大提高了工作效率，还有一部分作品为全无纸化操作，从草图、线稿到上色全部在软件中完成，并且可以用素材进行拼接与修正，为作者提供很大的方便，但失去了某些传统绘制的乐趣，商业气息更浓，艺术价值不高，在使用的时候一定要记得，数字绘画工具只是一个工具而已。

1. 电脑

电脑是数字绘画的基础工具，在选择的时候可以根据个人情况选择适合的电脑，有台式电脑（图2-8a）、笔记本电脑（图2-8b）和苹果电脑（图2-8c）可供选择，绘图用的电脑对显卡和内存要求比较高。

（a）台式电脑：

适合各种绘图设计，功能强大，价格经济，工作环境比较固定的情况下必须有的装备

（b）笔记本电脑：

小巧、便于携带，适合工作地点经常变动的人群，但高配置的价格略贵于台式机，使用寿命较长

（c）苹果电脑：

如果有条件可以考虑一步到位购置苹果电脑，色彩和使用度都极佳，适合绘画作图，专业人士必备

图2-8　电脑

2. 手绘板

在手绘板发明之前，鼠标可以作为绘图用的工具，简称鼠绘。手绘板的出现为数字化绘图提供了很大的便利，我们可以直接在电脑软件中进行线稿绘制、上色、做后期等一系列操作，便于修改，而且可以无限复制，但是要注意电子文件的保存，否则文件一旦丢失或损坏，就会比较麻烦（图2-9）。常时间用手绘板画画，由于保持一个姿势不变，很容易患上颈椎病、肩周炎等疾病，要注意运动哟！

（a）影拓系列：
手绘板首选WACOM公司出的影拓系列，它是专门针对绘图人员所设计的，具有超强敏锐的压感与分辨率，价格较贵，在2000元以上

（b）影拓配套设备：
目前影拓系列最新的是Intuos5代数位板，数位板带有笔座和可以替换的笔尖，数位板尺寸用作绘图M号比较合适，便于携带

（c）Bamboo系列：
如果资金不充足可以选择入门级的Bamboo数位板系列，作为学生或者爱好者这种型号的数位板足够了，它的价格在1000元以内

图2-9 手绘板

3. 其他设备

除了以上介绍的必要设备外，还可以准备一些辅助的设备来帮助我们进行角色设计，比如扫描仪（图2-10）、数码相机（图2-11）等。

图2-10　扫描仪
如果是在纸上绘制的线稿或者草图，用扫描仪输入到电脑里是最佳选择，可以保证作品的分辨率与细节

（a）单反数码相机

数码相机可以作为搜集素材的工具，随时记录情景，单反数码相机拍出的照片像素较高，需要配合专业的镜头来用，缺点是价格高，体积较大

（b）卡片数码相机

如果想要携带便捷，卡片机是更好的选择，它可以直接放在口袋里，但是照片的像素不如单反相机，如果作为参考用图质量就够了

图2-11　数码相机

三、数字绘画软件

最后要介绍的就是数字设计软件了。可以用来进行绘图的软件很多，每个人都可以选择自己喜欢的软件来绘画，大部分绘图软件都拥有相似的界面与快捷键，所以掌握起来非常快捷方便。比较常用的有Photoshop（图2-12a）、Painter（图2-12b）和SAI（图2-12c）等。

（a）Adobe Photoshop

这款软件大家都很熟悉了，它具有强大的图片处理能力，同时也是一款优秀的绘画工具，是创作动漫作品必须掌握的软件

（b）Corel Painter

Painter是一款专门用来绘制插图的工具，它可以模拟任何类型的笔触与绘画效果，与手绘的感觉最接近

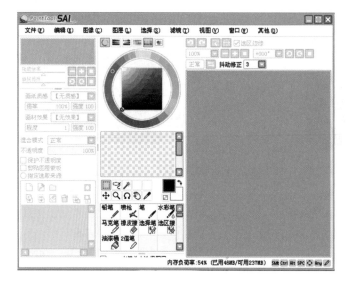

（c）Easy Paint Tool SAI

SAI是近年来最为人们喜欢的绘图软件，它凭借超小的尺寸和强大的线条修复功能被创作者视为首选绘画工具

图2-12 数字绘画软件

本章小结

准备好了工具，下面就开始进入到角色设计的实战阶段啦！

记得画画10幼～

下章见！

第三章
角色设计的结构基础

在进行原创角色设计之前，我们需要先来学习与人体结构相关的知识，这是设计者从基础绘画训练向创作阶段前进的必经之路，很多动漫游戏的角色都是在写实的基础上进行夸张、提炼与归纳总结来的，最终创作出不同外表与艺术表现力的角色。

很多初学绘画的人都有这种经历，在学习基础的素描绘画的时候，可以将素描画得十分逼真，临摹作品也非常接近原作，但一旦脱离了参考物，需要靠想象去创作的时候，画出来的作品马上就会退化到初学者甚至不会画画的程度，这是因为我们在最初学习基础绘画的时候，其实练习的就是对事物的临摹与复制，锻炼了眼力、观察力、表现力，这种练习并没有真正地使我们理解形体，而是使我们形成了依赖范本、依赖绘画对象的习惯。

动漫游戏角色的创作开始也是对已有作品进行临摹，学习优秀作品的风格与表现力，但更为重要的是理解造型的结构，学习好作品的造型方法，而不是单纯地学习图画表面。动漫游戏角色设计者一开始面对的就是一张白纸。我们不可以闭门造车，在创作之前需要经过大量的临摹，对结构的理解学习，脑中积累了足够的图像资料，在面对白纸的时候，其实早已经将以往存储的资料进行调用，这样的创作才能够避免脱离了参照物就不会画的情况，能够自信地创作。下面我们就从人体的基本结构讲起，将造型最基本的知识先进行学习，脱离纯绘画，向创作前进。

在学习之前，为大家推荐一本人体结构的书籍《J.夏帕德动态人体解剖》（图3-1），这本书是笔者上学期间学习的一本人体结构相关的书籍，这本解剖书籍和其他解剖书籍相比更适合角色设计的创作者使用，大多数结构或者解剖的书籍讲解较为理论化，绘画参考起来尤其是复杂的动作还是不能更深刻地理解其结构，这本书把各种动作的骨骼与肌肉进行细致的分解，我们可以学习一些常用动作的

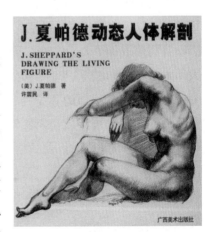

图3-1 《J.夏帕德动态人体解剖》

内在结构，例如立姿、坐姿、跪姿、蹲姿、卧姿、转姿等，能够更加直观清晰地去学习人体结构，初学者应该将此书多多临摹，牢记其中重要的知识（图3-2）。

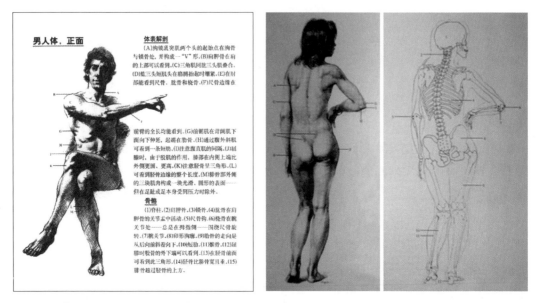

图3-2 《J.夏帕德动态人体解剖》细致地讲解了各种动态姿势的外在表现、内在肌肉、骨骼结构。从事物的本质上去理解表象，有助于我们快速掌握身体的各部分结构，是前期学习临摹的好范本

一、人体比例

绘画大师达·芬奇对人体比例的研究早在几百年前就开始了，以人体张开双手模拟成十字架的构图，和外围的圆框共同形成一个内十字外圆形的象征符号（图3-3）。人体中自然的中心点是肚脐。因为如果人把手脚张开，做仰卧姿势，然后以他的肚脐为中心用圆规画出一个圆，那么他的手指和脚趾就会与圆周接触。不仅可以在人体中这样画出圆形，而且可以在人体中画出方形。即如果由脚底量到头顶，并把这一量度移到张开的双手，那么就会发现高和宽相等，恰似平面上用直尺确定方形一样。

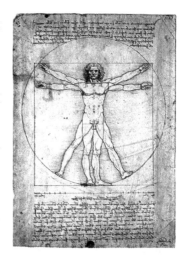

图3-3 达·芬奇人体比例图

　　人体基本比例是我们研究人体结构的基础，研究了真实人物的头身比例，有助于我们以此为基础创作各种比例的角色。当然，在绘画中我们没有必要将人体比例像精密制图一样去进行测量绘制，根据情况不同，比例会有少许偏差，没有人是完美无缺的，也没有哪个角色与真人完全一样，角色设计本身就是一个夸张变化的设计过程，我们要掌握的是大的人体比例与结构，并在此科学的基础上发挥想象力，进行进一步设计（图3-4）。

|《拳皇》|《青之六号》|《仙履奇缘》|游戏角色|

|《Gorillaz》|游戏角色|《青燐》|

图3-4　图中展示了不同风格的动漫游戏角色，虽然风格多样、形态各异，比例也不相同，但是从细节上能看出来设计者是在熟练掌握人体结构的基础上，对人物形象进行变形夸张，改变各部分的比例，从而创造出丰富的角色

1. 人体标准比例

我们将人体标准比例分为男性人体比例（图3-5）和女性人体比例（图3-6），这是我们绘制一切人物角色的基础。

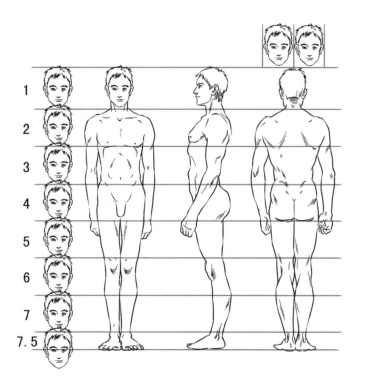

图3-5 写实男性人体比例

写实男性人体的标准比例大约为7.5个头长，男性身材较女性高大结实，肩膀比髋部要宽，总体呈现上宽下窄的倒三角模式，显得比较魁梧健壮。肩膀大约为两个头的宽度；上身为三个头长；上肢两个半头长；手为三分之二个头长；下肢为四个头长，大腿与小腿各两个头长；脚的长度为一个头长

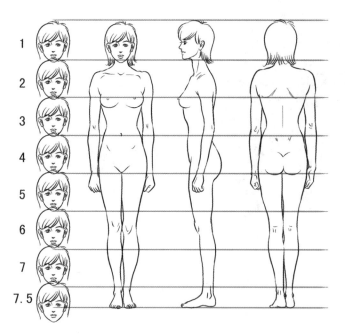

图3-6 写实女性人体比例

写实女性人体的标准比例大约为7.5个头长，女性线条较柔和，肩膀比髋部要窄，总体呈现上窄下宽的正三角模式，整体线条起伏较大，凸显女性柔美的体型特点

2. 不同头身比例

人体比例的测算方法一般是以人头的长度作为基本单位，比如成年人"8头身"指的是人体总高度为8个头长，婴幼儿"4头身"指的是人体总长度为4个头长等。不同的年龄、人种、身份在头身比例上也存在着较大的差距，亚洲人通常为7.7个头长，欧洲人为8个头长，模特为9个头长（图3-7）。

现实生活中的人，身高比例大概都在7.5～8个头长，比例与人的头的大小有关，这就是为什么头小的人显高的原因。艺术上则认为最佳的人体比例应该是8个头长；1岁时的婴儿身体比例大概为4个头长，身体的中心点在肚脐附近的位置；3岁时，身体比例大概为5个头长，身体中心下移到了小腹上；长到5岁时，身体比例为6个头长左右，身体中心下移到小腹下侧；而到了10岁以后，身体中心几乎没有大的变化，身体比例从7个头长长到了8个头长（图3-8）。

如果要制作一个精灵

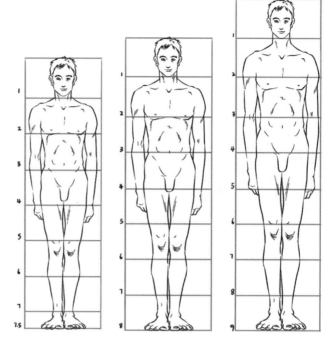

图3-7　写实的成年人人体比例，分成7.5个头长，8个头长，9个头长

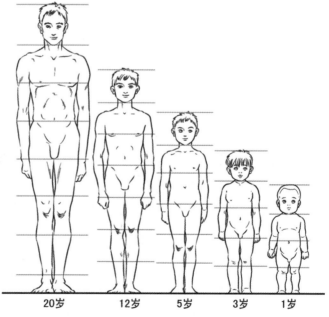

图3-8　写实的人体比例，分别为成年人7.5个头长，12岁左右7个头长，5岁左右6个头长，3岁左右5个头长，1岁左右4个头长，头长也是以当前年龄的头长作为标准进行测量的

或是 Q版的人物，我们可以增加头部和上身，减少下身在身体上所占的比例，经常以二头身或者三头身的比例来表现（图3-9）。

二头身角色《阿拉蕾》　　　　　　三头身角色《名侦探柯南》

图3-9　Q版比例经常用在表现儿童与少年角色上

3. 头部比例

当我们看到一个角色的时候，首先注意到的就是人物的头部和面部，在整个动漫游戏作品的展示过程中，头部是出现频率最高的部分，画好头部是画好角色的重点。在绘制动漫游戏角色之前，首先要对真实的头部比例关系有清晰的认识，以真实的比例作为夸张变形的基础，如果失去了对真实人物头部的理解，创作虚拟人物就会显得缺乏依据，失去光彩。

从额头发际线到下颚为脸的长度，将其分为三等分:由发际线到眉毛，眉毛到鼻尖，鼻尖到下颚为三庭。理想脸型的宽度为五个眼睛的长度，就是以一个眼睛的长度为标准，从发际线到眼尾(外眼角)为一眼，从外眼角到内眼角为二眼，两个内眼角的距离为三眼，从内眼角到外眼角，又一个眼睛的长度为四眼，从外眼角再到发际线称为五眼（图3-10）。

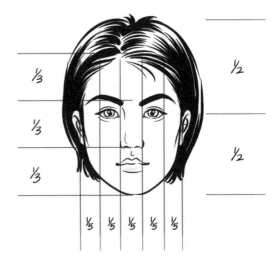

图3-10　成年人标准面部比例——"三庭五眼"

三庭五眼的比例是成年人的比例，如果放到少年或者婴幼儿身上，比例会有一些变化。一般来说，人类的头部比例和身高比例一样，随着年龄的增长，比例越趋向于成人的标准比例。婴幼儿阶段，额头部分占据了面部的一半，眼睛的位置刚好是脸的一半的交界线，随着年龄增长，额头所占比例越来越少，五官之间拉开距离，最终形成三庭五眼，在设计的时候要注意（图3-11）。

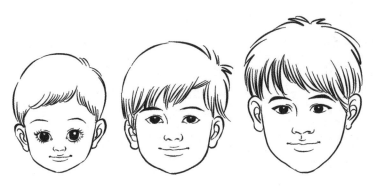

图3-11   不同年龄的儿童面部比例会有一些变化

以上面部比例适用于写实类型的动漫游戏角色设计，如果是卡通风格或者夸张风格，在比例的设定上就会更加的丰富多彩，例如日本许多漫画中的面部比例遵循的一贯是大眼睛、小鼻子、小嘴的设计，虽违背了真实的面部比例，但在审美上是适合的。动漫游戏的角色创作其实就是在保证读者审美的基础上，对于人体比例进行适当的夸张，好的设计不但具有审美性，而且也会令人信服（图3-12）。

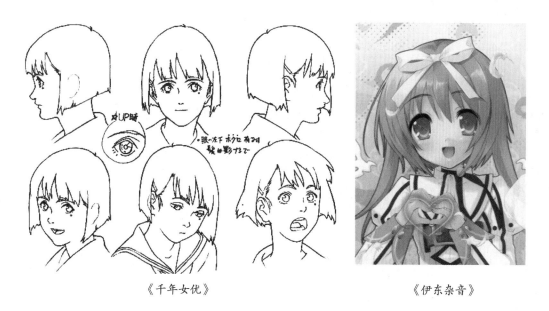

《千年女优》   《伊东杂音》

图3-12   偏夸张的日本动画面部比例

二、人体骨骼

事物的外在特征往往是事物的内在特征的展现，不同风格、不同比例的角色所展现的是动漫游戏角色的魅力，这些角色虽然被夸张被变形过，但依然在结构上遵循人类的内部结构，也就是骨骼与肌肉。虽然骨骼被包裹在皮肤、肌肉和脂肪中，但是究其本质来说，皮肤附着于肌肉，肌肉是依附于骨骼的，想要透彻地了解身体的形体变化与肌肉运动，首先要充分了解人体的骨骼结构，角色在运动的时候依靠骨骼的伸展与弯曲形成了大的动势，并且在某些细节上影响着人类的身体曲线与细节特征。

人类的骨骼共有206块，一一记住它们的名字和位置也许有些困难，毕竟绘画不是医学，我们只需要掌握绘画中用到的人体重要的几块骨骼就可以了，并且尽可能地把它们的位置与形状记好，不一定要背下来，但看到一个结构我们能了解它是由哪块骨骼产生的就可以了（图3-13）。

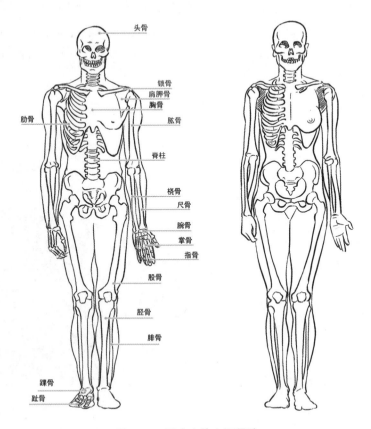

图3-13 男女人体主要骨骼

骨骼结构不但是我们学习角色设计的基础，帮助我们理解人体动态结构，在设计某一类角色的时候，还可以直接将其内容作为角色的一部分进行设计，比如游戏中亡灵、机械战士的造型（图3-14、图3-15）。掌握了骨骼的结构，在创作这种类型的角色的时候，不但能符合人物的动态，更能在塑造角色的时候赋予角色更多的神秘感与魔幻感。

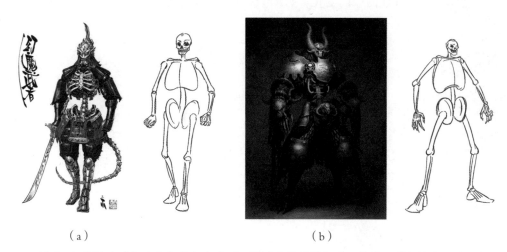

（a） （b）

图3-14 图（a）为游戏《鬼武者》的角色造型，设计者将骷髅与武士的造型进行结合，赋予角色一种亦真亦幻的魔幻性，创造了一种只有在游戏中才能体会的神秘感。图（b）为另一款欧美网络游戏，同样把骷髅造型与盔甲相结合，并且夸张了骨骼的比例，营造一种魁梧凶猛的感觉

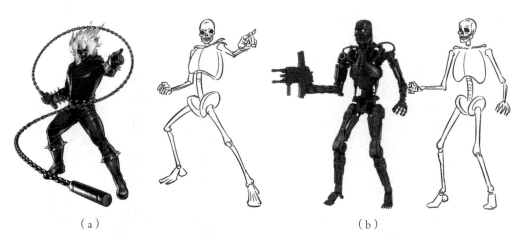

（a） （b）

图3-15 图（a）为电影《灵魂战车》的角色造型，设计者保留了骷髅头部的造型，而身体还是用的人物本身的形态，使角色区别于真实人类的同时又体现了其与众不同的身份，加强人物的神秘感，使观众在欣赏的同时能够快速被带入情节。图（b）为《终结者》的机械战士，从整体看是一个骷髅的造型，但细节却是用金属来展现的质感，形成一副金属骨架，除了加强了质感，更增添了浓浓的科幻色彩，同时我们也能从金属骨架中看到人体结构的细节与活动原理

1. 脊椎曲线

脊椎在人运动的时候起到主导的作用，脊椎连接头部、胸腔、骨盆，脊椎的活动可以改变身体的形态（图3-16），他支撑着颈部和腰部，随着身体动态的变化产生弯曲和旋转，从侧面看呈现S形的弯曲，促使身体平衡，并带动四肢（图3-17）。观察每一个动作，观察脊柱曲线的变化，有助于对主要动态曲线的把握（图3-18）。

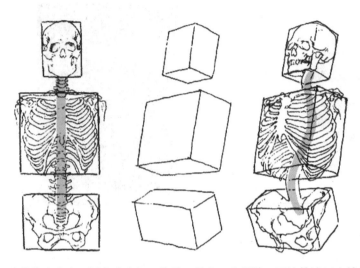

图3-16　人体的上半身可以分成头部、胸腔、骨盆三大题块，而连接这三大块的是脊椎

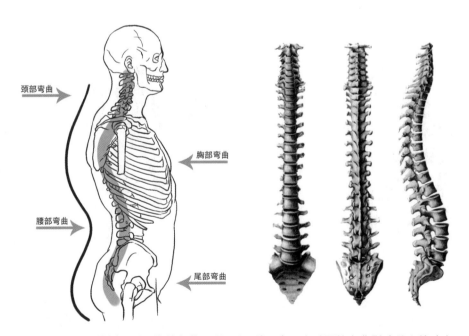

图3-17　人体侧面看颈椎的弯曲呈现S形，并且有四个重要的弯曲影响着人的动态

图3-18　分解任何一个动作，研究动态与脊椎变化，有助于骨骼结构的学习

2.　身体骨点

在画人物头像的时候，我们都知道，要学会找到人物面部的几个骨点，将骨点的结构塑造好，头像会显得立体、有结构，画人体也是一样，我们不用去记住骨骼是什么样子，但是骨骼在身体外表所表现的骨点必须牢记。

初学绘画的人，不了解身体结构，在绘画的时候只注意到了人物的整体外表，画出来的人物显得软，缺乏人物的挺拔与立体。虽然骨骼被肌肉、皮肤、脂肪等包裹，但是并不是所有的骨头都被厚厚地包裹起来，皮肤、肌肉和脂肪有厚有薄，在比较薄的皮肤下，我们就能够看到骨头突起的形状，整个人物的曲线就显得有软有硬，富有节奏感，如果没有这些骨点，人物就缺乏张力，不生动，就算是卡通型的角色同样具备骨点的特征。

身体的骨点分别分布于皮肤较为单薄的位置，比如头部的额骨、颧骨、鼻梁骨、下颌骨（图3-19）；身体的腕关节、踝关节、指关节、膝关节、肘关节、锁骨、骨盆角、肋下、肩胛骨等（图3-20），这些关节在身体外观上看具有明显的突起，形成人体结构的重要组成部分，在绘

图3-19　头部比较重要的几个骨点，在绘画的时候不能忽视　《波斯王子》

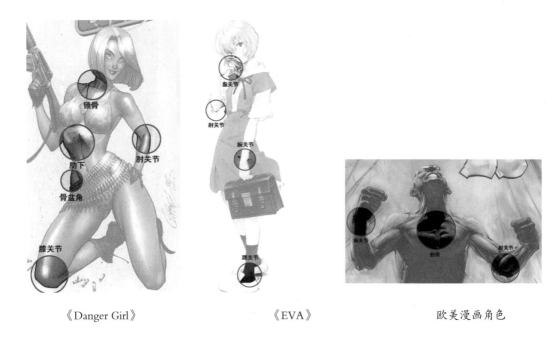

《Danger Girl》　　　　　《EVA》　　　　　欧美漫画角色

图3-20　动漫游戏角色中骨点的表现，一般都是在皮肤外露或者穿紧身衣时比较明显

制角色的时候，无论是写实的还是偏卡通的，在该出现的时候都不能忽略，尽可能准确地表达。

三、人体肌肉

人体的肌肉是附着在人体骨骼之上的，因此肌肉的状态与骨骼密切相关。动漫游戏的角色们具有不同形态、不同体格、不同个性，很大程度上都是依靠肌肉的表现来确立人物带给人们的感觉，肌肉的多与少、明显不明显都会影响角色给观众的感觉（图3-21）。

《北斗神拳》　　　　　《龙珠》

图3-21　壮汉角色与非壮汉角色对比

人体共有600多块肌肉，对称分布于人体的左右两侧。根据人体结构可以将肌肉分为头部肌肉、躯干肌肉、上肢肌肉和下肢肌肉（图3-22）。我们不用记住所有肌肉和它的名称，但与造型和动态相关的肌肉必须了解，就算不知道它叫什么，但在多多观察与练习之后会发现，肌肉之间是有组织的，并不是单独的，此时也会慢慢记住它们的特征与位置，绘画的时候自然而然地运用到角色身上去。

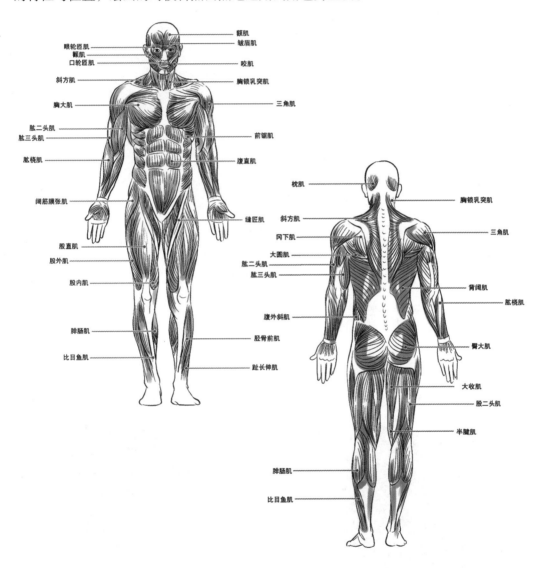

图3-22　人体肌肉正面及背面

1. 头部肌肉

头部主要讲的就是面部，人的表情都是通过肌肉的伸拉和运动产生的，掌握头部与面部的肌肉结构是我们在今后设计人物表情时的重要基础，人的表情不是通过一块肌肉的单独运动产生的，而是由运动的肌肉牵动其他相关肌肉产生的连锁反应，因此在人们做出一个表情时，并不是只有眼睛或者嘴有变化，而是整个脸和五官都会产生微妙的变化（图3-23）。在设计写实型角色的时候，角色的头部必须将主要的肌肉结构体现出来（图3-24），但如果是卡通类的角色，可以将肌肉省略或者用简单的线条替代（图3-25）。

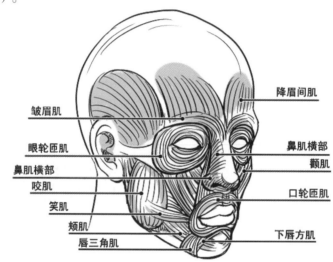

图3-23　头部肌肉

图3-24　写实风格的角色在绘制头部的时候必须遵循头部的肌肉结构来绘画（欧美游戏角色）

图3-25　偏卡通风格的角色在绘制头部的时候可以适当地减掉不需要的面部肌肉（欧美漫画角色）

2．躯干肌肉

人体躯干的肌肉由于正面与背面结构不同，因此分为正面与背面的肌肉来分别进行讲解。躯干肌肉可分为颈部肌肉、胸部肌肉、腹部肌肉、腰部肌肉和背部肌肉几大块。这几大块肌肉是相互穿插关联的，颈部肌肉与锁骨密切连接，胸肌和上肢肌肉相互穿插，肌肉群的穿插关系呈现一种韵律感，使人的体态变得优美。正面造型是最常见的造型，肌肉也是最丰富的（图3-25）。

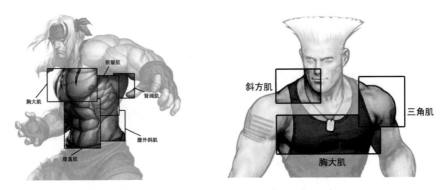

图3-25　躯干肌肉正面　《拳皇》

躯干背面的肌肉相对正面来说出现的频率较小，同时背面的肌肉在表现上比正面的要难，背面的肌肉不像正面的肌肉凹凸明显，除了肩胛骨部分之外，没有类似于胸大肌、腹直肌这样大块、明显的肌肉群，整体看上去比较平整。但是这不表示我们就可以忽略对人体背部肌肉的研究，在设计角色时，背部线条也是设计的一部分，在很多造型塑造中起到画龙点睛的作用，我们在学习人体结构的时候要正、测、背，全方位的进行学习，塑造出立体、饱满的人物形象。背部肌肉主要由斜方肌、背阔肌、臂背过渡肌群、要背筋膜构成（图3-26）。

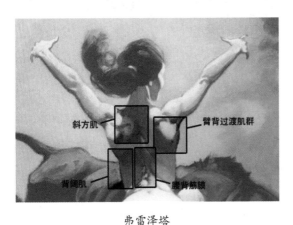

弗雷泽塔

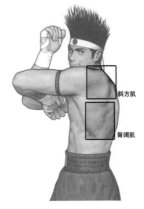

《拳皇》

图3-26　躯干肌肉背面

3. 上肢肌肉

上肢在人体运动中起着十分重要的作用，很多动作都是依靠上肢的运动来完成的，它也是我们保持身体平衡的重要组成部分之一。上肢肌肉主要由肩部肌肉、上臂肌肉、前臂肌肉和手部肌肉四个部分构成。

上肢肌肉从外表上看曲线突出，有几块特别的肌肉和肌肉群需要在表现的时候特别注意，尤其是外表比较健壮的角色，上肢肌肉也是造型重点，虽然不必像医学解剖一样画出每块肌肉，但重要的肌肉要表达到位。手臂从肩部的三角肌开始算，三角肌上面连接着斜方肌、身前连接着胸大肌，肱二头肌与肱三头肌将三角肌压住形成上臂，肱二发生头肌与肱三头肌在不同的角度下大小会有些变化；肘肌与肱桡肌连接上臂与前臂，前臂分为内侧与外侧两大肌群，最后与手部相连接（图3-27）。

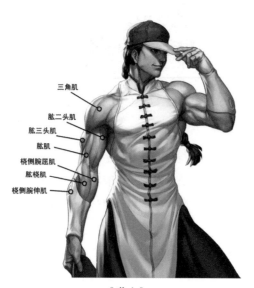

《拳皇》　　　　　　　　　　　　　　　　欧美游戏角色

图3-27　上肢主要肌肉

4. 下肢肌肉

下肢肌肉与上肢肌肉一样，是人体结构的重要组成部分，它是人体保持平衡的最重要的支撑，承担着身体重心的重任，同时它与上肢肌肉很多结构都有相似之处，这是由两者相似的功能决定的。人体动态的肌肉主要由臀部肌肉、大腿肌肉、小腿肌肉和足部肌肉四部分组成（图3-28）。

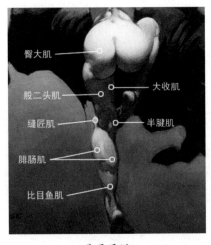

弗雷泽塔

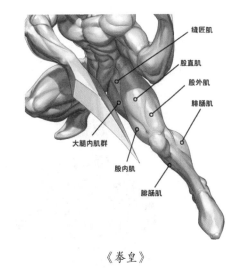

《拳皇》

图3-28 下肢主要肌肉

5. 肌肉的简化表现

人体肌肉的内容很丰富，学习的时候要把重要的肌肉形态记住，但真正创作动漫游戏的时候，并不是所有的人物都是肌肉发达或者写实的，动画受到制作成本和时间成本的约束，在设计角色的时候会省略掉大量肌肉的细节，只保留主要的部分。我们在设计动漫游戏角色的时候，不能把写实的肌肉照搬过来，应该对肌肉进行概括与提炼，抓住大的重点，用不同的艺术形式将其展示给观众。

《人猿泰山》中泰山的造型需要强调他健壮的身体与肌肉，设计者在参考真实的人体肌肉的基础上将泰山的形体刻画得十分到位，肌肉大胆夸张而生动，并且与剧情很吻合，这与设计师对人体结构的精确把握密不可分（图3-29）。

图3-29 《人猿泰山》

　　《超人特工队》为卡通风格，在设计角色的时候把人物的体型进行了夸张，突出了角色的几块大的肌肉，如胸大肌、三角肌、肱二头肌、股外肌等，弱化了腹部的肌肉群和腿部的肌肉，不但没有给人感觉虚弱感，反而在造型上更加生动鲜活（图3-30）。

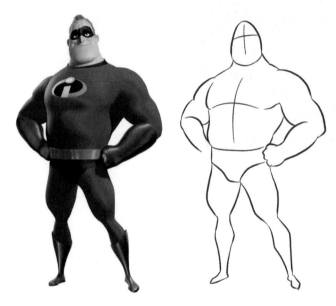

图3-30　《超人特工队》

　　《街头霸王》中春丽的角色为女性，女性的肌肉结构较男性更为柔和含蓄，重点是要突出女性的优美曲线，而春丽作为格斗人物还应具备一定的肌肉，这就必须充分了解人体肌肉结构，再加以设计（图3-31）。

图3-31　《街头霸王》

　　《蜘蛛侠》的造型是源自真实人物与动物的特性相结合，人物在保留真实肌肉的同时简化部分肌肉，使角色看上去更灵活（图3-32）。

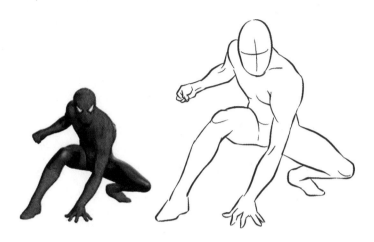

图3-32　《蜘蛛侠》

　　《绿巨人》是在真实的肌肉结构的基础上对肌肉进行了夸张，角色身材巨大、肌肉发达，身上的肌肉就像即将爆裂的肉块，体现了角色身体变异为超常人的特性（图3-33）。

图3-33　《绿巨人》

四、人体脂肪

人体的骨骼与肌肉是我们塑造人体的基础，但最终对人外表起决定性作用的是附着于肌肉之上、皮肤之下的脂肪。虽然我们总能在一些动漫或者游戏中看到肌肉发达、身形健美的角色，但这些角色在整个角色设计的范畴内只占一小部分，大多数的角色还是肌肉不明显带有脂肪的造型，脂肪的分布与多少会大大改变人们的外观，就像一个运动员长久不运动，肌肉转化为脂肪，我们再见到他可能就不认得他一个道理，在塑造角色时，了解脂肪的分布规律，对塑造不同类型的角色十分有用。

脂肪的分布有特定的规律，当人发胖时，身体各部分的脂肪聚集有先有后，首先是颈部、胸部、腰部、腹部、臀部，其次为脸部、上臂、肩膀、大腿、小腿等，最后为小臂、手脚（图3-34）。

图3-34　肥胖角色脂肪分布图，灰色部分为脂肪聚集处

动漫或者游戏作品中总会有一个肥胖型的角色，这样的角色给人的感觉一般是憨厚的、快乐的、可爱的，当然这不绝对，我们在设计角色的时候也不要忘记这类角色的存在哟（图3-35）！

女性之所以看起来比男性线条更缓和，曲线更柔美，很大程度上取决于女性身体的脂肪比男性要多，一个肌肉发达的男性无论如何也不会让人觉得很柔软，但是如果给他加上脂肪，马上就会变成很温和的感觉（图3-36）。

女性的身体脂肪主要集中在胸部、臀部、大腿等部位，其他的位置如肩部、腰部、腹部等也比男性脂肪要多，同时肌肉不明显（图3-37）。

图3-35　肥胖角色　《飞屋环游记》　《青燐》

图3-36　女性身体多少都会有脂肪的聚集

《电影少女》

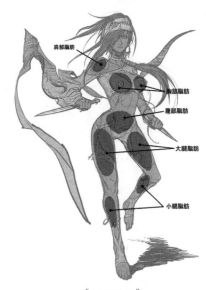

《METIN2》

图3-37　女性身体脂肪普遍集中在肩部、胸部、腹部、大腿、小腿等处

五、简化形体

　　人体结构复杂，尤其是当人物运动的时候身体的肌肉与曲线会发生丰富的变化，在我们进行造型的时候很难快速准确地把握人体结构。在进行动漫游戏角色设计时，无论创作写实型的角色还是卡通型的角色，首先要学会利用简单的几何形体来简化复杂的人体结构，简化形体不但能将烦琐的细节去掉，专注于人物主要的动态，而且当人物有透视的情况下能够很快地抓住正确的人体透视与比例（图3-38）。

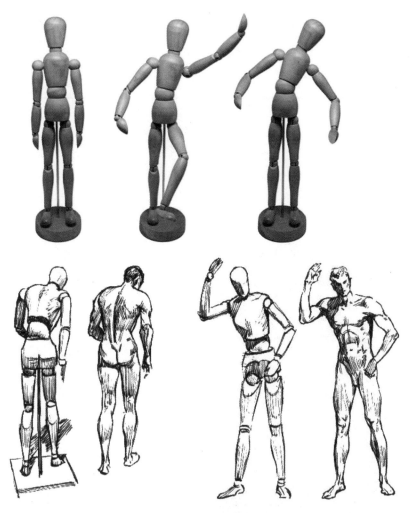

图3-38　在设计人物动作时，可以用木头小人的模型来摆姿势进行参考，然后再给人物添加细节，木头小人没有太多细节来干扰创作者的思路，更有助于把握整体的运动态势

　　所有人物的轮廓特征都能够用几块几何形状进行概括，简单的几何形状在进行三维转化的时候更为直观，并且更有助于我们理解形体的结构与透视，在动漫游戏角色设计中，立体的表现十分关键，因为角色不是单一的面展示，而是全方位地展示角色的动态。

　　人体主要的三大体块是头部、胸腔和骨盆，这三块由脊柱进行连接，这三大体块构成了人体最基本的运动体态，上肢分成两段加上手部，在胸腔两侧各一组，下肢分成上下两段加上脚，位于骨盆下方各一组，这几部分可以归纳为最简单的几何体，通过运动产生丰富的人体形态（图3-39）。

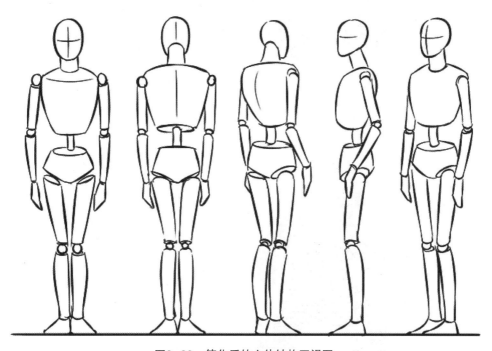

图3-39　简化后的人体结构五视图

　　我们可以从一些现有的经典角色上提取他的简化结构，从而研究这些角色在设计上的技巧，有助于我们进行原创角色设计。欧美插画家Gez Fry笔下的人物多是按照正常的人体比例与结构进行设计，因此简化后的身材比例与写实的人体比例能够保持一致（图3-40）。格斗游戏中的人物肌肉发达，比例上采取了一定的夸张，夸大了人物肌肉部分的比例，但整体上没有脱离写实角色的特征（图3-41）。

图3-40　插画家Gez Fry角色设计

图3-41　格斗游戏角色　《拳皇》

　　卡通角色在简化造型方面体现出更加丰富多彩的变化，具体内容大家可以在第四章学习，我们先来看一些造型简化的案例（图3-42）。

图3-42　夸张角色体结构的简化，通过分解经典动漫游戏角色来研究简化后的身体各模块之间的关系，对于我们设计各式各样具有鲜明特色的角色十分有帮助　《料理鼠王》、《超人特工队》、《青燐》

　　通过以上几个案例我们可以发现，简化结构对于角色设计的重要性，简化后的角色让我们更加清晰地看到角色的内部构造，不管是写实的还是夸张的，他们都有一个创作规律，那就是角色的形态全部都是依靠改变几大模块的大小、位置和形状等变化来塑造各种各样的造型。那么我们就可以反过来想，如果我们想创作各种各样的角色，那么在写实的人体比例的基础上，改变各个部分的比例，就可以达到角色千变万化的效果，下面举例进行说明（图3-43至图3-46）。

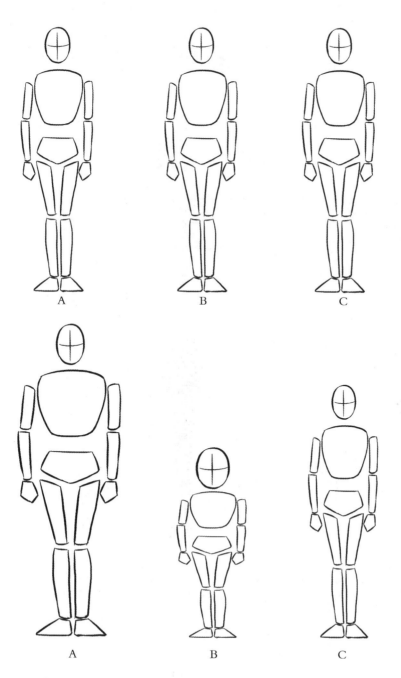

图3-43　第1步

A、B、C是三个一模一样的标准比例的简化人物，我们把人物简化为头部、躯干、胯部、上臂、小臂、手、大腿、小腿、脚共计15个体块，我们利用这些体块的大小、位置、形状的变化，使其具有不同的角色特征

图3-44　第2步

不改变这些体块的基本形状，整体地改变三个人物的大小，就可以快速地将三个角色的基本特点进行区分，A将整个人物放大，显得高大魁梧，看上去具有男性的特征；B人物整体进行了缩小，头部比例变大，给人一种年龄偏小的感觉；C无变化，性别较中性

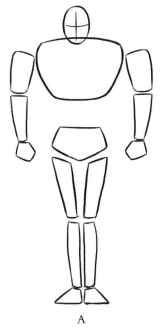
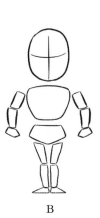
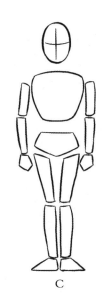

A　　　　　　B　　　　　　C

图3-45　第3步

在第2步的基础上，对三个人物的各个模块细节进行改变，A将头部移至胸腔部分，显得人物脖子更短，胸部肌肉发达，同时将胳膊加粗，强化魁梧健壮的男性特征；B将头部放大约为身高的三分之一，体现出儿童或者可爱角色的特点，躯干缩小，四肢的比例随身高变得短小；C头部放大，打破纯写实人物的感觉

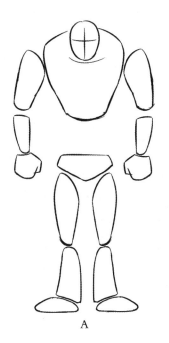
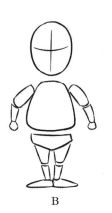
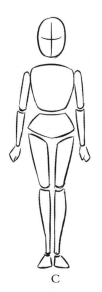

A　　　　　　B　　　　　　C

图3-46　第4步

第3步基本已经塑造出了角色的个性，我们还可以继续强化完善角色的性格特征，A加强了胸腔、大臂、大腿的肌肉感，给人一种十分强大的感觉；B将手脚变得短小，肩部向下倾斜，人物更可爱；C主要改变了胳膊与腿部的线条与比例，塑造出了女性的特征

上述步骤讲解了用简化的体块进行造型的基本方法，在进行角色造型的时候是没有一个固定的标准的，设计永无止境，大家可以在第三步的时候就完成基本框架的设计，也可以在第四步的基础上继续进行设计，同样可以在一个已经设计好的角色基础上进行延伸设计，这个过程完成后，我们就可以给简化的人物框架添加面部、皮肤与服装道具等细节了（图3-47）。

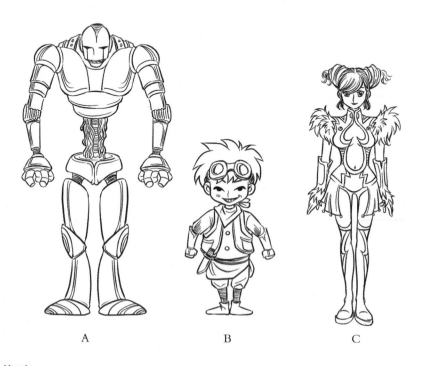

A   B   C

图3-47　第5步

设计出了好的结构后，需要进一步根据人物的年龄、职业、身份、性别等特征进行细节的添加，包括服装、道具、发型、表情，等等。根据A的体型特征，我们可以将它设计为怪物、魁梧的人、战士、恶魔，等等。我将它设计成了一个巨型机器人，它有坚硬的外壳，但从表情来看，他并不凶恶；B设计成了一个具有冒险精神的小男孩，他虽然身材矮小，但看上去十分灵活；C是一个游戏中的女性角色，通过服装体现出魔幻题材的游戏特色，她身材婀娜，但是通过轻便的装束我们能够知道她是一个女战士

通过以上案例，可以设计出各种比例造型的简化形象，尝试给下面的形象添加细节，变成你的角色吧（图3-48）。

阶段练习：

根据图3-43所绘制的标准比例的角色，按照本节所讲的内容将其进行变形，设计出不同类型的5~8个角色的简化结构（如图3-48所示）。

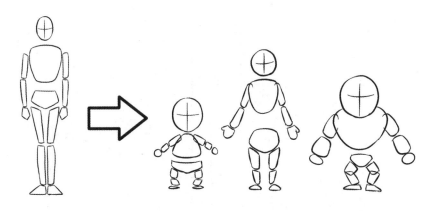

图3-48 设计简化结构

六、人体透视

一、透视规律

任何处在大自然中的物体，在用肉眼看的时候，由于空间、距离等原因，会对我们的视觉产生一定的影响，使我们看到的物体与物体本身的状态发生一些变化，这种现象我们称之为透视，透视是有科学依据的，我们将其称之为透视规律。透视不只应用于建筑或场景的设计中，任何与设计有关的作品都会用到透视规律，它是我们重绘世界的基础，能帮助我们将现实的事物转化为设计的语言，最终体现出作品的空间感与体积感。

由于设计的人物不可能一直是正面的和静止的，我们还要对人体各个部分在运动中产生的透视关系进行掌握，简化后的人物能够清晰地体现出结构，透视在其中所起到的作用也是十分关键的。我们在设计动漫游戏角色时要学会多角度观察角色并且很好地将角色的动态表现出来，在简化和归纳形体的同时掌握其空间透视规律。

首先我们先了解一下透视的基本常识。构成透视关系的三个要素分别是视点、画面和物体，三者缺一不可。视点是指观看物体的人眼睛的位置；画面是指被观察的物体映入观看者眼睛的图像，经过眼睛产生假想的透视关系的画面；物体是指被观察的原始事物（图3-49）。

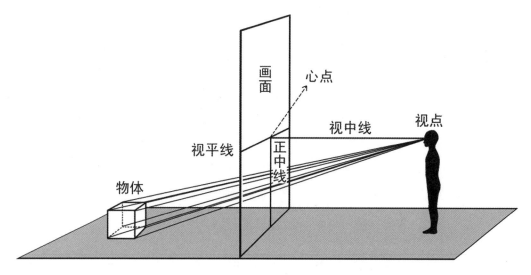

图3-49　透视关系的三个要素：视点、画面和物体

除此之外，构成透视的还有心点、视平线、视中线、正中线等。心点是指视点对画面的垂直落点；视平线是指画面上通过心点的一条水平的假想线；视中线是指连接视点与心点的一条假想线；正中线是指画面上穿过心点的一条垂直假想线。

产生透视的物体会由于远近的距离关系产生近大远小、近高远低、近宽远窄的感觉，体积、形状完全一样的物体，由于空间位置不同，最终呈现出来的画面为距离观看者近的物体较大、高、宽，距离观看者远的物体较小、低、窄。

1. 一点透视（平行透视）

一点透视也称平行透视，平行透视只有一个消失点，也就是心点。在一点透视中，物体面向正前方的一面与画面保持平行，即立方体面向观察者的一面与地面成90°直角，其他几面向心点（消失点）集中。一点透视纵深感强，但是距离真实的场景较死板（图3-50）。

视平线：指与观看者视线垂直的一条假想线。

消失点：也称灭点，消失线向远处无限延伸在视平线上汇聚形成的点。

消失线：平面向远处延伸至消失点时的一条假想线。

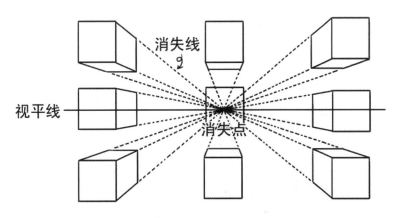

图3-50　一点透视（平行透视）解析图

2. 二点透视（成角透视）

二点透视也叫成角透视，在视平线上有两个消失点，面向观看者的两个面都成斜面并且分别延长至不同的消失点。这种透视应用最广泛，画面效果比较自然、活泼生动，反映空间比较接近于人的真实感觉（图3-51）。

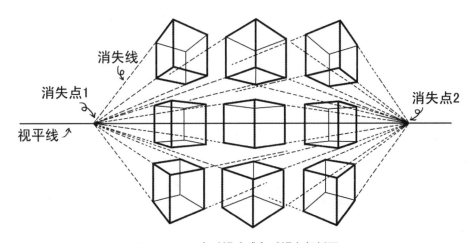

图3-51　二点透视（成角透视）解析图

3. 三点透视（倾斜透视）

三点透视一般有三个消失点，有两个消失点在视平线上，还有一个根据视点的高低，位于视平线外的上方或视平线外的下方。它是直线或平面与地面和画面多倾斜时形成的透视，因此也称倾斜透视。三种透视中这种透视视觉冲击力最强。

三点透视都是观察者站在视平线上方或者视平线下方看到的透视结果，最终呈现出的透视可分为"仰视"和"俯视"视角。俯视是观察者将视点提高，站在物体偏上方观察物体，看到的物体上大下小，有一种居高临下的感觉；仰视是观察者将视点放低，站在低处看物体，看到的物体上小下大，使被看物体显得高大、威严（图3-52）。

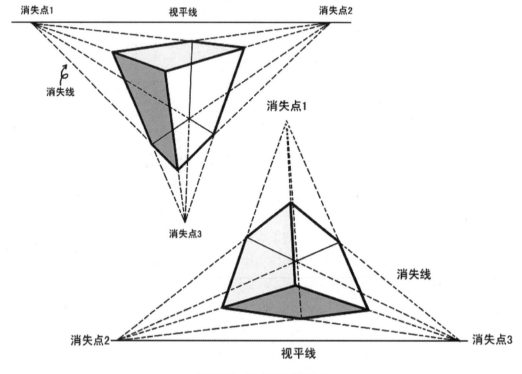

图3-52　三点透视解析图

4. 圆形透视

圆形透视是以前三种透视法为基础，把圆形置于矩形之内，先画出该矩形的透视图，再确定圆形在透视图上的各个特殊点，最后把这些点用光滑的曲线相连，即得曲线或者圆形的透视图。如果我们把人物的四肢看成是圆柱形的话，那么圆形透视在人物的绘画中就会经常用到了（图3-53）。

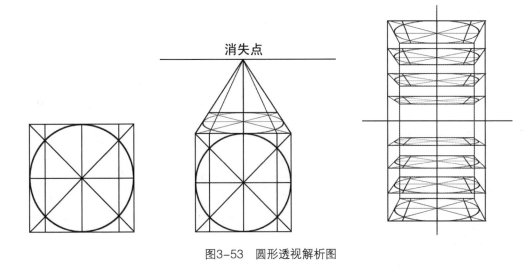

图3-53　圆形透视解析图

二、人物透视

　　了解了透视的基本原理，在设计人物动态造型的时候就有了科学的依据，但是我们创作的角色是经过了艺术加工的，并不是照搬现实也不是科学制图，设计的时候只要能够令人信服，达到符合审美的目的就可以了。人物的透视是从透视基础上得来的，透视大多数时候都是应用在场景的设计中，人物相比场景与建筑来讲，线条都是柔和的曲线，因此在设计中要灵活地运用透视的规律（图3-54）。

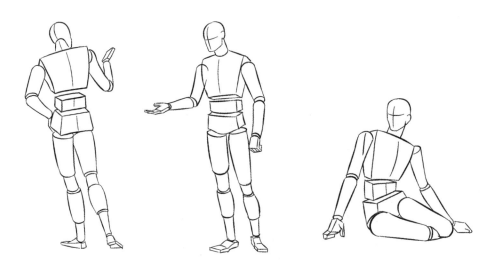

图3-54　人物结构图中各体块的透视

1. 头部透视

头部是人物身体的重要部分，在造型的时候会有不同的角度展示出来，我们需要对头部的透视有一些了解，并且也用简化的结构将其表现出来。头部透视的主要目的是为了表现头部的体积感，为了避免面部刻画过于呆板、平面化（图3-55）。

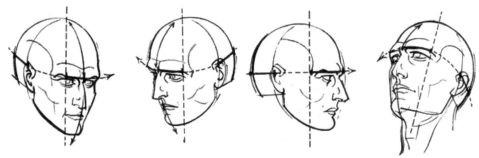

图3-55　头部的透视变化能够带给人物真实的体积感

在动漫游戏的前期设定中，设计师需要将角色头部的各个角度进行设计，并保证每个头部统一，与角色整体风格、比例统一（图3-56）。

图3-56　角色前期设定头部与表情　《千年女优》

我们可以把头部简单看作是一个立方体，按照五官的比例将立方体进行切割，就可以得到头部透视的基础（图3-57）。

图3-57 人的头部是被包裹在一个虚拟的立方体中，头部的透视和立方体的透视有一定关联

可以借助一些辅助线来塑造头部立体感，脸部十字线定位法是常用的也是比较简单的辅助线，赤道是眼睛的位置，与赤道垂直相交的竖线可以看作鼻梁的位置（图3-58）。绘制方法是在面部分别画出横竖两条十字交叉线，随着头部左右转动、上下转动，脸上的辅助线也会做相应的变化，由于头部整体是球体，因此头部在转动过程中面部的辅助线是呈现像经纬度一样的弧线造型。

图3-58 人物头部在转动的时候可参考地球仪

头部是我们在设计角色的时候必须要设计的部分，初学者对头部正侧面的绘制较熟练，但是仰视、俯视的头部掌握起来就不是那么容易了，那么我们就从易到难地讲解头部应该如何进行立体感的造型。其实一切都始于一个圆形（图3-59），然后按以下步骤进行绘画（图3-60至图3-63）。

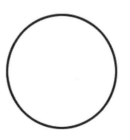

图3-59 这个圆形就是简化了的头部

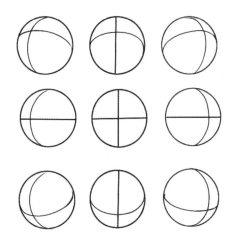 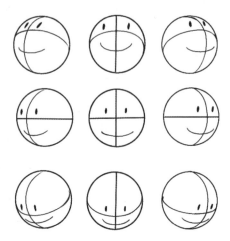

图3-60　我们在圆形上添加十字交叉线，横线代表眼睛的位置，竖线代表鼻梁的位置，按照透视的基本原理，抬头、低头、扭头时两侧的比例会有近宽远窄的变化

图3-61　找到位置后添加上简单的表情，就可以看到人物转头的方向与幅度

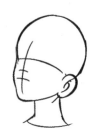 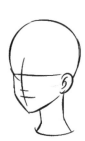 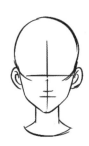 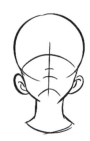 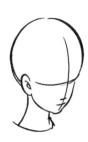

图3-62　在圆形基础上进一步具象化人物，除了头顶部分的圆之外，真实的人头部是呈现椭圆形的，加上下颌骨部分后，用十字交叉线标出五官的位置

图3-63　根据十字交叉线标出五官的位置，将人物的五官刻画完整，五官的绘制方法我们将在第五章的课程学到

　　掌握了头部的透视创作方法，就可以多多观察学习优秀作品的创作思路，不同风格的作品创作的难易度不同，但是基本的透视法是不变的，创作的时候还可以根据头部仰视、俯视（图3-65）的不同，给角色添加鲜明的个性与身份。头部仰视的人物给人一种眺望远方、充满希望、高傲、冷漠、无礼、陶醉等感觉（图3-64）。头部俯视的人物给人一种谦虚、祥和、恐惧、忧伤、爆发前、内敛、忧郁的感觉（图3-65）。

图3-64　人物头部仰视表现

图3-65　人物头部俯视表现

2.全身透视

我们既要掌握人体每个部位的透视，也要掌握人物全身的透视，在表现角色情绪、性格、场景的时候，都需要利用不同的透视来进行造型设计，而带有透视的人物显得更生动、令人信服。全身透视中除了平视之外，我们需要掌握仰视与俯视的画法，由于人物设计细节繁多，我们掌握了人体的基本透视后，其他的就需要我们勤加练习了。

首先是人物的仰视，仰视与俯视都是来自于透视规律中的三点透视法。仰视是观察者站在较低的位置观看角色产生的画面，往往是下身距离观察者较近，因此腿部较突出。仰视的画法应用于女性会显得双腿修长，摄影师在给模特拍照的时候往往站在较低的视角进行拍摄，这也是为什么杂志上的模特看起来身材姣好、腿部修长的原因。在角色的创作中女性角色的站姿往往都是略带仰视的角度，以突出修长的腿部线条，给人以美感，男性角色则是给人高大、结实的感觉。人物头部距离观看者较远，因此较小；腿部距离观看者较近，因此较大、较长。人物仰视透视为上半身缩短，下半身延长，在透视中也称之为"透视缩短"（图3-66）。仰视的人物给人身材高挑、充满活力、庄严、伟岸、气氛浓重、充满动感等感觉（图3-67）。

图3-66　人物仰视透视效果

图3-67 人物仰视表现

俯视和仰视的透视原理一样遵循三点透视的原则，不同的是，俯视的视点较高，观察者是站在高于人物的位置进行观察，突出的是人物的头部与上半身。俯视经常用于突出人物的头部或面部，因为距离较近，可以很细致地刻画头部细节，身体部分则不重点强调。俯视透视下人物头部距离观看者较近，因此较大，细节较多；腿部距离观看者较远，呈现一种从上到下越来越细的锥形形状（图3-68）。俯视的人物给人有冲击力、动态感强、神秘、可爱等感觉（图3-69）。

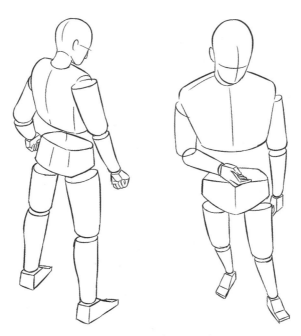

图3-68 人物俯视透视效果

图3-69　人物俯视表现（村田莲而、金亨泰画）

阶段训练：

根据下面的头部转动简化结构，尝试给它加上五官让它变成脸吧！

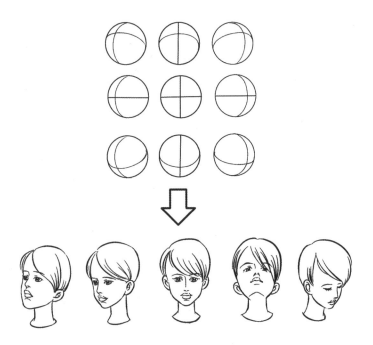

第四章
角色设计的基础训练

一个角色的产生并不是将真实的物体进行描绘就可以了,那是写生而不是设计。设计的过程是一个将真实事物进行加工再创造的过程,我们必须学习如何将真实的人变成我们笔下的作品,这是角色设计的基础,是我们进行后续命题创作之前要解决的问题。

作为初学者,我们要掌握基本线条的绘制,角色设计的线条与我们写生的线条绝不相同,角色设计者首先要勤练线条,掌握不同的线条的表现方法;其次是将角色用最简单的形状进行归纳与组合,掌握角色的基本形设计,在基本形中寻找角色的设计灵感;然后把这些基本型赋予动态与细节,再适当地进行夸张变形或拟人,最终就能创作出形态各异的角色了。本章我们就围绕着这样一个流程,对基本的角色设计进行训练。

基本形 　　丰富基本形 　　填加细节 　　加入生动的动作

一、角色设计的线条

　　线条是创作的第一步。任何动漫作品的创作都离不开线条的使用，不同的线条具有不同的情感特征，也是影响整个作品的整体风格的重要因素。如何更好地用线条来表达设计者的构思，是成为一个合格的动漫游戏前期设计师的首要任务。线条的种类多种多样，每个人在设计的时候都会有自己习惯使用的线条模式，创作概念草图的时候，对线条的要求并不是一成不变的，只要能够很好地体现设计师的创作意图，使得别人能够读懂设计师的设计意图，就是好的线条。以下列举一些不同的线条类型，这些线条带给人们不同的感觉（图4-1）。

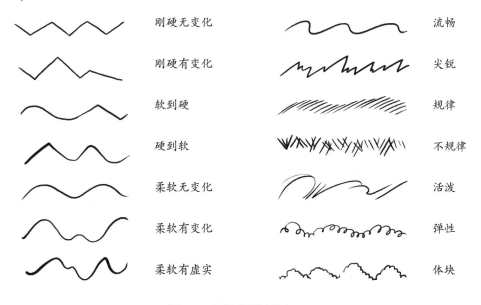

	刚硬无变化		流畅
	刚硬有变化		尖锐
	软到硬		规律
	硬到软		不规律
	柔软无变化		活泼
	柔软有变化		弹性
	柔软有虚实		体块

图4-1　不同类型的线条

线条是创作的第一步，流畅、有节奏、自信肯定的线条是一个优秀的动画创作人员必须具备的素质，培养这些能力的主要方法是多多临摹优秀作品的线条，多画速写是使线条迅速进步的捷径（图4-2）。角色的线条绘制尽量做到以下几点：

①线条干净、整洁，纸面干净无污渍；

②线条流畅，粗细均匀，有节奏感；

③注重线条的虚实变化；

④注意用线条的叠加表现结构。

图4-2　合格的线条案例

在进行线条绘制的时候，可以用"虚勾"的方法画出整个外形的轮廓与剪影，把脑海中的轮廓用大长线与简单的几何形体进行勾画（图4-3a），当在纸上呈现出来之后，再一步步地刻画细节，并时时刻刻注意画面的细节（图4-3b）。

注意在画的过程中，线条要随着所画物体的体积与虚实关系来进行刻画，逐渐将线条转化为面，注意用笔的轻重与次序（图4-3c）。

最后用铅笔"实勾"出角色的最终造型，勾线要求线条干净、流畅。线条本身需要花费大量的时间来进行练习，单纯的练习线条可以锻炼用笔的技艺，再结合具体的设计造型来提高角色的造型能力（图4-3d）。

（a）"虚勾"线条

（b）逐渐细化

（c）"实勾"后的线条

（d）隐藏草图后的最终稿

图4-3 "虚勾"与"实勾"线条

图4-4 彩色铅笔起稿

在绘制动画草图的时候，用彩色铅笔打底稿是一个很好的方法，可以用蓝色、红色或者其他颜色的彩色铅笔进行自由的绘制，然后用铅笔将最终的线条勾勒出来（图4-4）。

小提示

　　在进行正式的角色造型之前，需要进行大量的线条练习。进行速写练习是必不可少的，利用时装杂志作为练习素材是一个不错的选择，杂志中的模特人物往往形态优美，且动作比较丰富，是很好的绘画资料（图4-5）。

图4-5　利用时装杂志画的速写（袁琳画）

大部分动漫游戏作品本身具有优质的线条表现力，在进行线条练习时，可以多多临摹优秀的造型作品，尽量做到精细的描绘，线条干净、刻画准确，做到与原作越接近越好。最开始可以照着一些简单的卡通形象进行临摹，先从提高线条的平滑、整洁度上下工夫，慢慢过渡到一些较为复杂的角色训练，这其中需要付出大量的时间，通过不懈的努力由量变产生质变，提高绘画技艺（图4-6）。

图4-6　临摹漫画作品（袁琳画）

为什么有的黑白稿件看起来充满魅力，为什么初学者的线稿看起来生涩无趣？正如学习其他技能一样，角色线稿的绘制除了坚持不懈的练习之外，有着一定的技巧与窍门，不论是手绘还是用计算机进行绘制线条，有两大基本法则（图4-7）是我们必须要掌握和注意的，分别是：

①线条与线条相交的部分要加粗，制造叠加关系。

②外线要比内线粗，区别虚实关系与前后关系。

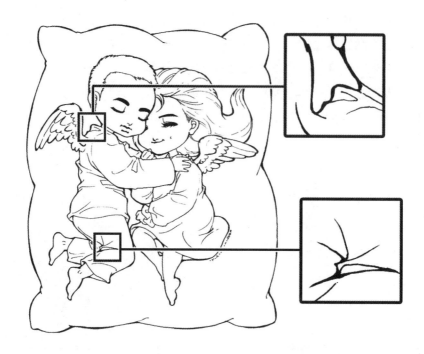

图4-7　线条绘制基本法则

阶段训练：

1. 练习不同类型的基本线条，使线条整齐、流畅。
2. 参考杂志照片或真实的人进行速写，利用线条表现形体，不上调子。
3. 临摹动漫游戏角色，利用流畅的线条表现，不上调子。

二、角色的基本形

　　学过美术的人都经历过一个阶段性的练习，那就是几何体的素描训练，训练的目的在于锻炼绘画者观察、认识形体，分析理解形体的结构关系，并且掌握形体的表现方法。但是这个训练过程是漫长而又枯燥的，只有要进行大量的练习，眼、手、脑得到一定的锻炼后才能够逐渐对复杂的形体产生分解与认识，从而创作出各种各样的形态作品（图4-8）。

对于动漫游戏的设计者来说，到底需不需要经历这个漫长的过程呢？答案未必是肯定的，动漫的造型是以此作为基础，但未必要经历长期的美术训练，我们可以总结一套行之有效的方法来加快这个进程，将造型的基本原理归纳为几个方面，从而快速地进行造型，这就需要我们首先认识基本形。

图4-8 素描几何体

基本形是构成复杂设计的基础，基本形包括：圆形、长方形、正方形、三角形、圆柱形、扇形、梯形、多边形等（图4-9）。以三维为例，就可以看出来，一切复杂造型都开始于最基本的形状（图4-10）。

图4-9 基本形状

图4-10 三维建模造型：任何复杂的三维模型在smooth之前都可分解为简单的基本形块组合

不论是夸张的卡通造型（图4-11）还是偏写实的造型（图4-12），最终我们都能将其归纳为几何基本形的组合，这在第三章简化形体的内容中我们已经有所了解。这些基本形通过不同大小、比例、位置的组合，变成不同风格的角色。

图4-11　夸张角色用几何形概括（袁琳画）

图4-12　偏写实角色用几何形概括（袁琳画）

通过以上案例我们了解到，不论多么复杂的造型，最终都能将其分解成最简单的基本形，那么我们可以逆向思考一下，简单的基本形状通过我们的组合与细化，是不是也能变成各种各样的复杂造型呢（图4-13）？

图4-13　基本形组合变成角色造型

基本形虽然很多，但我们可以发现，所有的形状都来自于圆形、长方形和三角形这三个基本形状，通过这三种形状可以延伸出更多的形状来进行组合，产生更丰富的造型。下面我们先分别分析这三种形状和它们相关的内容。

1. 圆形

如果我们仔细观察不难发现，大多数的动画作品的角色设计都离不开圆形的造型（图4-14）。为什么各种风格的动画造型当中会有如此之多的圆的存在呢？

图4-14 动漫游戏角色中圆的存在

圆形带给人们的感觉是可爱、没有威胁的，可靠、可以信赖的，无侵略性的，温和、甜美、孩子气的，而大多数动画中的角色是为了体现这一美好的感觉（图4-15），游戏中的可爱或温和的角色也主要用圆来造型（图4-16）。

图4-15 绝大多数动画角色身上，都充满了"圆"的元素 《功夫熊猫》

图4-16 游戏《愤怒的小鸟》中的小鸟直接以基本形来造型

除了正圆之外，我们可以把圆形拉长、压扁、做成蛋形等，作为角色的基本形（图4-17）。在这些圆形、椭圆形、葫芦形或者蛋形的基础上，将它们进行组合，改变其大小和位置，可以创造出不同感觉与个性的人物（图4-18）。

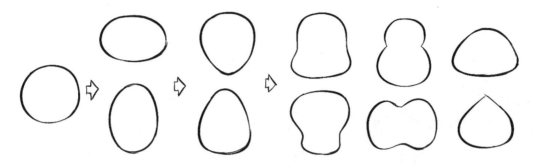

图4-17 以圆形为基础，改变圆形的形状，可以生成各种各样的圆形、椭圆形、蛋形

图4-18 只依靠圆这一种造型，就能产生出千变万化的造型

评价一幅作品的好坏，细节固然重要，但是整体的概念永远是第一位的，就好像画素描开始要起大形，而不是上来就画眼睫毛的道理一样。角色设计的道理相同，我们永远都必须先把大的形状设计出来再考虑服装、发型、表情等细节（图4-19）。

图4-19 圆形造型为主的角色（袁琳画）

设计儿童动画或休闲游戏的时候，圆形造型用得非常多，也有一些儿童使用的服装、食品、玩具等商品上可以看到圆形造型为主的卡通吉祥物（图4-20）。

图4-20　儿童食品卡通吉祥物造型——小豆子（袁琳画）

2. 方形

方形和圆形一样，在角色造型中起着重要的作用，它可以单独进行造型（图4-21），它在连接各种圆形构成完整的角色造型方面起着重要的作用（图4-22）。

图4-21　直接以方形为主的角色
造型　《海绵宝宝》

图4-22　方形可以作为胳膊、腿等
连接部分来进行造型

在正方形的基础上，我们可以延伸出各种梯形、矩形、平行四边形、菱形等（图4-23）。无论长方形还是正方形，所传达出来的感受往往是牢固的、坚定的、稳定的、可以依靠的、强壮的、平衡的、不屈的、顽固的，具有很强的体积感（图4-24），很适合创作正义的、有力量的、稳定的角色（图4-25、图4-26）。

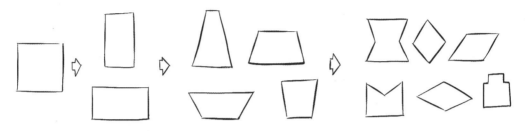

图4-23　方形的延伸图形：梯形、平行四边形、菱形等

图4-24　方形的造型感觉更具有体块感

图4-25　方形为主的造型（陈蛮蛮画）

图4-26　《星银岛》男主角的造型以方形为主

3. 三角形

三角形在三个基本形中除了直接进行造型之外，还能对单调的造型起到修饰的作用，给造型增加细节、打破呆板。

三角形有三个顶点，根据任何一个顶点的角度不同，三角形给人的感觉也不同，我们还可以在普通三角形的基础上做出漏斗形、鱼形等造型（图4-27）。

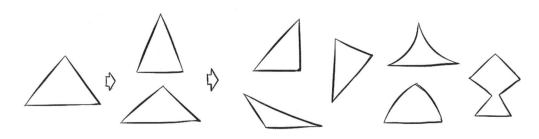

图4-27　三角形及其延伸形状

三角形为主的造型能够产生很强的韵律感，造型形态多变（图4-28）。

图4-28　三角形造型为主的角色

正三角形给人的感觉比较稳定，经常被用作人物的身体或者衣服等，比如女孩的裙子（图4-29）。

倒三角形有一种不稳定感，设计强壮的男性角色或者头重脚轻的卡通角色经常会用到（图4-30）。

顶点比较尖锐的三角形，给人的感觉具有攻击性，表达的情绪多为尖锐、犀利、好战、具有杀伤力，在角色设计中代表着邪恶、冷酷的类型，常用于反面人物的设计（图4-31）。

图4-29 女孩角色的裙子基本上都是正三角形 金亨泰人设 　　图4-30 《马达加斯加》的狮子Alex倒三角的身材显得强壮 　　图4-31 《大力士》中反派的造型充满了尖锐的三角形元素

4. 基本形的组合

基本形在少数情况下可以直接作为角色来设计，比如游戏《乐克乐克》（图4-32）中的角色都是直接使用圆形来进行造型，这样的造型简单、可爱，给人轻松的感觉。

图4-32 《乐克乐克》角色造型

但这样的作品是比较特别的，也是比较稀少的。大部分的角色是利用基本形进行组合创造出来的。基本形的组合就如同前面所讲的一样，既可以同一类型的基本形进行组合，也可以将不同的基本形进行混合，这种组合虽然是自由的，但是如果组合得不恰当，角色会显得单调没有生气，因此我们在进行基本型组合的时候要遵循以下规律。

（1）同类型基本形进行组合，相互之间的体积、形状要有对比，体积或形状相同显得造型呆板无趣（图4-33）。

图4-33　基本形组合

（2）不同类型基本形进行组合，可以让角色更生动，避免一个基本形用到底（图4-34）。

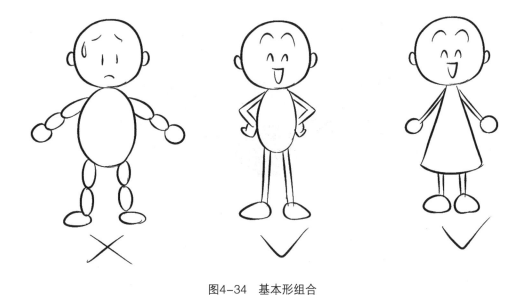

图4-34　基本形组合

（3）不同基本形进行组合，尽量交叉组合各种基本形，让造型活泼起来（图4-35）。

图4-35 基本形组合

以上所讲的规律是指一般情况下的组合定律，在某些特殊情况下，还是建议大家不要死板地照搬规律，要多多尝试不同的组合，在绘画中找到设计的感觉，最终设计出有个性的角色（图4-36、图4-37）。

图4-36 《功夫熊猫》角色基本形组合

图4-37 《青燐》角色基本形组合

5. 头部基本形

人物的角色设计首先要从头部开始。在动漫游戏角色的表演过程中，头部出现的时间所占比重是最大的，也是观众最为关注的部分。我们可以用基本形概括的方法进行头部的设计，大约将头部分为圆形、鸭蛋形、三角形、长方形、葫芦形、梯形、鸭梨形、橄榄球形等（图4-38）。

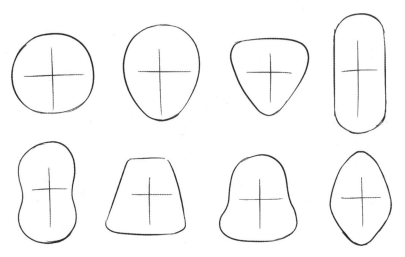

图4-38　基本形脸型

也可以将脸型以汉字的形态来进行分类，主要分为"国、田、目、甲、由、申、风、用"八大类，我们称之为"八格"，这种描述更有利于我们对于各种脸型进行记忆与理解（图4-39）。

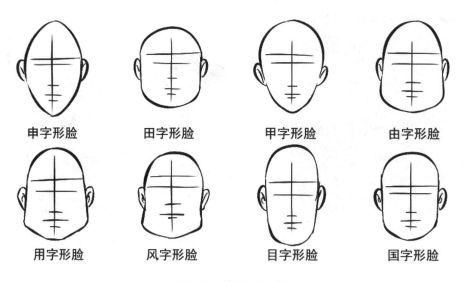

图4-39　脸型"八格"

"甲字形脸"也叫瓜子脸，特点是上方下尖，接近于标准脸型。"申字形脸"也叫菱形脸、钻石脸，特点是上窄下尖，额头狭小，两腮消瘦，颧骨处宽，额部较窄，下巴颏尖。"由字形脸"也叫正三角、梨形脸，特点是上窄下方，腮部过大，常见于肥胖人，额部较窄，两颊和下巴处宽。"田字形脸"也叫圆脸型，特点是扁而方，脸较短。"目字形脸"也叫长脸型，特点是长脸，头形狭长。"国字形脸"也叫方形脸，特点是方方正正，方正稍长、脸长而且额角和腮部都比较宽。"风字形脸"也叫梨形脸，特点是腮部和下颌角明显宽阔，两腮宽阔，颏较短。风字形脸下颌角及咬肌特别发达，显得腮部格外宽阔。"用字形脸"也叫梯形脸，特点是上方下大，额部方正，下巴颏宽大，用字型脸因下颌骨宽于颧骨，颧骨宽于额骨而显示出梯形。

脸型的设计要根据角色的性别、身份、性格等因素综合考虑，例如男性脸型多以方形和多变性为主，女性多以温和的圆形为主（图4-40）。

图4-40 美国动画《人猿泰山》中的不同角色，在脸型设计上具有与角色身份、性格相符合的特征

国外的商业动画为了在动画制作过程中保持角色的一致性，往往单独将头部造型进行细化设计（图4-41）。

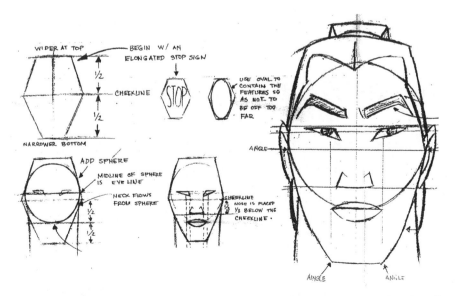

图4-41 美国动画《花木兰》中的造型设计，对人物的造型严谨，细化到每一个细节

除了以上所讲的头部基本形，利用多种基本形进行组合，自由地改变几何形的比例来延伸角色的设计内容，使造型更丰富（图4-42）。

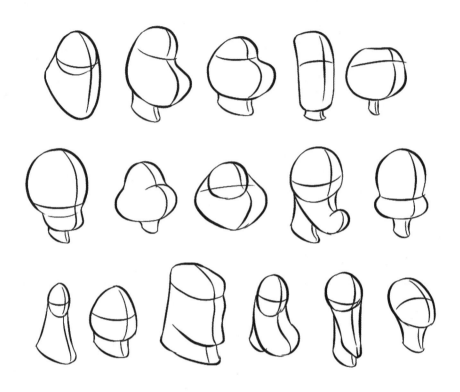

图4-42　经过几何化处理的人物面部

三、角色的姿势与剪影

经典的电影总是能被人记住，经典的角色同样具有魅力，有一个容易被辨认的外形，是一个好的角色设计的基础。塑造醒目的角色外形与姿势的目的在于让观众的注意力集中在表演情节以及结构出色、理想的画面上。因此，角色的典型和带有强烈主观特色的"POSE"给人留下强烈而鲜明的印象，著名喜剧大师查理·卓别林塑造的著名形象家喻户晓，他头戴礼帽、手拿拐杖、穿着不合体的上衣和宽大的裤子，脚丫永远都是外八字。其实我们不必看到更多细节，只凭借他的外形就可以快速地辨认出这就是卓别林，卓别林塑造的具有鲜明特色的外形加上他出色的外表使这个虚构的形象生动起来（图4-43）。

设计阶段先画出角色的粗略剪影，不要将大部分的精力花在表面的细节，而忽略了整体的表现。我们利用上节所讲的内容，使用不同的基本形进行组合，组合时注意基本形的大小与形态尽可能对比强烈，并根据角色的身份进行剪影的设计，最终选择适合的形状进行下一步的设计（图4-44a）。

画好基本形后，在基本型的剪影范围内添加角色的细节，比如要设计的是兔子一家，那么最大块的一般是爸爸，细长的为妈妈，最小最圆的设定为孩子，分别加上兔子的长耳朵、尾巴，再根据性别为它们着装，还可以在刻画表情时突出角色的性格（图4-44b）。

清稿后，具有鲜明个性的兔子一家就完成了，而且绝不会把角色搞混（图4-44c）。

图4-43　喜剧大师　卓别林

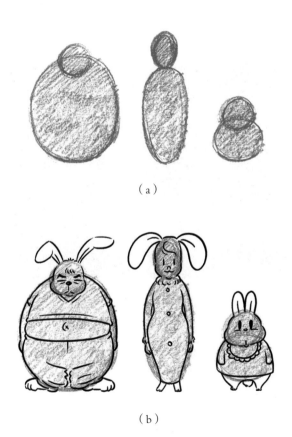

（a）

（b）

（c）

图4-44 利用基本形组合出剪影，再添加细节：兔子爸爸、妈妈、孩子

当我们画完一幅画沉浸在充满成就感的情绪时，不要忘了检验一下这个造型的剪影，检验剪影就是检验角色的辨识度，有了好的辨识度才能让观众分清角色，才是合格的角色设计，检验角色辨识度的最好方法就是将角色涂黑，看看还能区别这些角色吗（图4-45）？

图4-45 《超人总动员》主要角色以及辨识度极高的剪影

　　在设计角色造型的时候，很多人把设计重点和注意力都放在了角色的细节刻画上，而忽略了角色的剪影，造成了一系列角色造型接近、雷同的情况，放在一起的一群角色没办法快速分辨出每个人的特点，这样的造型就难以给人留下深刻的印象（图4-46）。

图4-46　剪影不够清晰的角色造型剪影（廖慧雪画)

　　在设计角色的时候首先要考虑的是角色大的形态，就好像画素描要先起稿，而不是先画眼睫毛一样的道理，大的剪影没设计好，盲目地刻画细节，这样设计出来的角色是缺乏打动人的魅力的，要记住，我们设计的角色最终是动态展示，而不是平面欣赏（图4-47）。

图4-47　过于追求细节的角色造型

1. 赋予角色魅力

设计得再出色的角色如果不给它赋予一定的灵魂，它依然不会光彩夺目，就好像我们看到生活中的明星照片与常人并无两样，但是一旦他们上了杂志、拍了电影马上就会星光熠熠，这就是包装的力量，角色设计是同样的道理，虽然是虚拟的角色，依然需要给它进行包装，赋予它魅力（图4-48）。

图4-48　一个角色的性格或魅力完全是依靠设计师赋予的，而我们身边的人、物、事都可以成为设计的灵感来源，上图展示了一个活泼、顽皮的小女孩形象，就像邻家的小妹妹一样真实、可信（欧美插画）

　　赋予角色生动的形态要从观察生活、大量临摹和创作开始，记忆和提炼生活中典型的"POSE"语言，创作出情绪饱满、表达明确、剪影完美、张力十足的"POSE"（图4-49）。

图4-49　典型的"POSE"

　　我们要赋予角色魅力，在角色进行造型的时候就要给予他一定的姿势、表情等，比如一个站立的角色如果只是让他直直地站着，那么这个角色给人的感觉就是呆板。但若是微微侧身、加入一定的动作与表情，整个人物看起来就会较为立体，也会突出个性（图4-50）。

图4-50　左边的角色看上去比较呆板，右边的角色加入了动作，显得比较有个性

　　经典的角色都有着独特的魅力，才能够被大众喜爱并一直流传。这种魅力靠的是创作者对角色造型的精心设计，每个国家、每个作者对于角色的创造都有着自己独特的手法。迪斯尼的角色总是看起来圆圆的、软软的，它们的肢体语言丰富、具有生命力（图4-51）。日本动画以其符合大众审美的造型和角色富有个性的动作表情被世界动漫迷追捧，家喻户晓的《圣斗士》中星矢的招牌动作体现出设计者对角色精心的设计，《灌篮高手》中樱木花道外表个性、性格贴近生活，成为动画界家喻户晓的明星（图4-52）。美国漫画英雄蝙蝠侠和超人具有超多粉丝，他们的经典动作也成为了大家争相模仿的对象（图4-53）。中国动画《天书奇谭》里三只狐狸形态迥异、个性鲜明，老狐狸丑陋狡猾、母狐狸妖娆妩媚、公狐狸贪吃傻气，《黑猫警长》也是我们童年的偶像级人物（图4-54）。

图4-51　迪斯尼角色动态造型　《白雪公主》、《小美人鱼》

图4-52　日本经典角色动态造型　《圣斗士星矢》、《灌篮高手》

图4-53 经典角色动态造型 《蝙蝠侠》、《超人》

图4-54 经典角色动态造型 《天书奇谭》、《黑猫警长》

2. 重心和平衡

塑造富有魅力的角色，首先要掌握角色的各种动态，角色的动态千变万化，盲目地创作往往使人陷入混乱的头绪，因此掌握一定的创作规律尤为重要。人物的重心和平衡是开展一切动态设计的基础，是角色基本动态是否稳定和可信的关键（图4-55）。

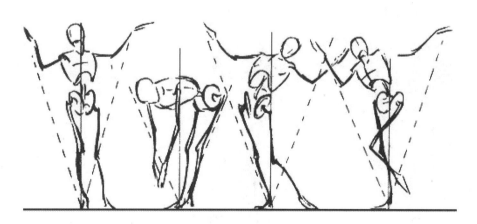

图4-55 人物的重心

重心是人体重量的中心，是支撑人体的关键，支撑面是支撑人体重量的面积，指两脚之间的距离，重心的位置在人体骶骨与肚脐之间，脐孔往下引一条垂直线称为重心线。

重心线的落脚点在支撑面以内，人体可依靠自己的支撑（图4-56）；如在支撑面以外，则不能依靠自身支撑（图4-57），由此构成了静止动态的三种基本动态特征：

图4-56　正常站立姿势的重心线一般情况下都在两脚之间　游戏角色

图4-57　重心线偏向一侧，打破平衡，人物有一种即将摔倒的感觉，营造出轻盈的动感　游戏角色

（1）重心落在支撑的一只脚上，称为单脚支撑动态（图4-58）；

（2）重心落在两脚之间，称为双脚支撑状态（图4-59）；

（3）重心落在两脚及支撑面以外，构成静止动态（图4-60）；

图4-58　单脚支撑动态（袁琳画）

图4-59　双脚支撑动态（袁琳画）

图4-60　静止动态（李毅画）

（4）人体要保持平衡，则依靠辅助物体支撑，称为有辅助支撑点的动态（图4-61）。

图4-61　有辅助支撑点的动态（袁琳画）

在绘制人物角色时，站立的没有大动态的角色往往能够被大多数人所掌握，但是一旦涉及稍微复杂的动作与结构，在创作起来就会放不开，显得动作很不自然。解决这个问题，首先要理解动态与平衡之间的关系，当人物在运动时，如果重心线的两侧比例得当，支点明确，就构成平衡的状态（图4-62）；反之，人物在运动时重心点两侧比例差别较大，没有明确的支点，就构成了动势（图4-63）。

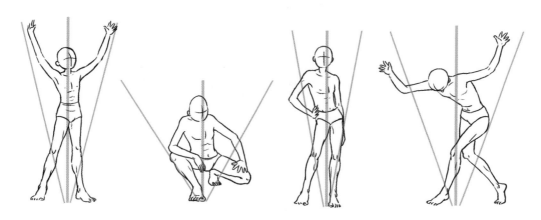

图4-62　图中垂直线代表的是重心线，重心线两侧的比例恰当，基本保持均衡，因此人物看起来比较稳定

图4-63　用天平的形式来看人物重心的移动，从图中可以看出移动人物的重心，同时改变天平两侧的受力面积，就能使人物保持平衡

3. 站立姿势

　　设计角色的站立姿势是进行动漫游戏角色设计的第一步，设计一个角色首先要把他站立的状态绘制出来，包括转面图或者比例图都是以站立姿势进行展示的，站立姿势最能体现一个角色完整而清晰的造型与结构比例图（图4-64）。虽然人的站姿看上去都是站立状态，但形态是千变万化的，每种站姿的微妙变化都能体现出角色不同的个性与内心。绘制站立姿势看似简单，但灵活掌握起来需要一定的技巧。有几种经典的站姿是一定要掌握的，适合初学者快速地掌握角色的基础设计工作。

图4-64　角色站立比例图（杨砚林画）

（1）常规站立姿势

这种站立姿势最为常见，它的优势在于对角色造型的结构体现最清晰，对身体各个部位的遮挡最少，适用于所有人物角色造型。造型上角色双脚分开，双手自然下垂，重心在人物两腿之间，给人平稳的感受（图4-65）。游戏中多用于男性或力量型角色的站姿设计，有时也用于一些呆呆的或可爱的角色（图4-66），在动画中常用于角色前期设计稿绘图（图4-67）。

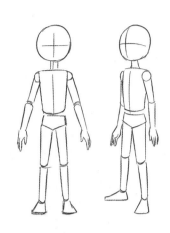

图4-65　常规站立姿势

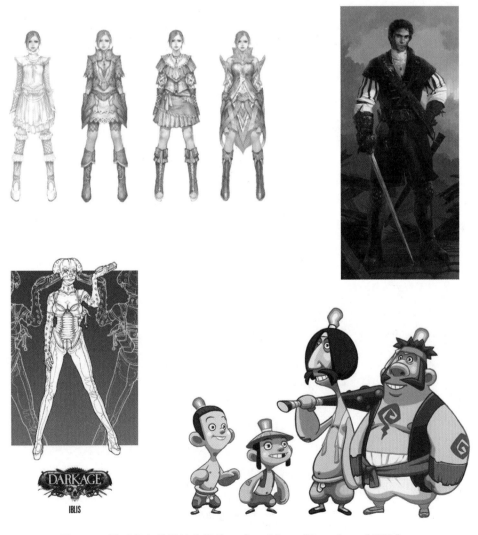

图4-66　游戏角色常规站立姿势　《zerA》、《Brom》、《青燐》

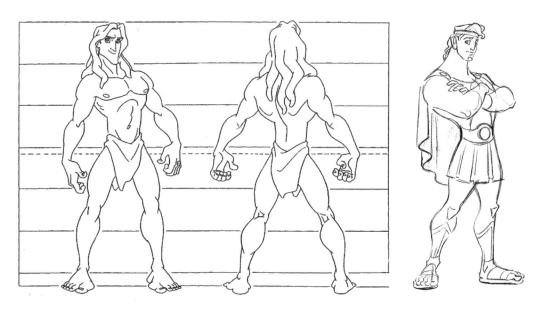

图4-67　动画角色常规站立姿势　《人猿泰山》、《大力士》

（2）重心偏移站立姿势

这种站立姿势和常规站立姿势唯一的区别就是角色站立的重心发生了一些偏移，落到了某一条腿上，相比常规站立这种姿势给人的感觉较为放松，人物形态更自然一些，接近我们生活中的站立姿势（图4-68）。由于重心偏移，人物的肩膀与骨盆发生倾斜，人物姿势呈现S形，人物更具美感，在动漫游戏造型中同样应用广泛。在设计中这种站姿用的最为广泛（图4-69）。

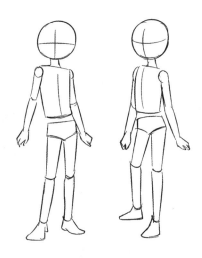

图4-68　重心偏移站立姿势

图4-69 动漫游戏角色重心偏移站立姿势 《阿拉丁》、《星银岛》

（3）半行走站立姿势

这种姿势加入了一定的动势，在造型上更加生动，人物除了站立姿势与重心稍有
变化之外，更加入了腿的前后空间关系，人物站立的同时有一种行走的动势，身体也
不像前两种完全面向前方，具有一些扭转的感觉来保持身体的平衡（图4-70）。

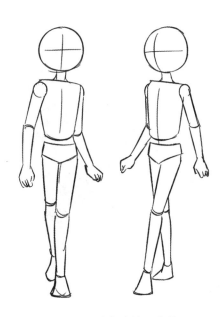

图4-70 半行走站立姿势

  这种姿势脚部设计为一前一后，设计中要注意手脚运动的协调性，要符合人物运动规律，要避免顺手顺脚的情况，后面的腿脚处理手法要虚化，产生空间远近虚实效果（图4-71、图4-72）。

图4-71 半行走站立姿势 游戏角色

图4-72 半行走站立姿势 游戏角色

（4）综合站立姿势

以上介绍的三种站立姿势代表了大部分动漫游戏角色设计中常用到的站姿，但是在角色设计中一切都是以人为本的，每个角色都可以拥有自己的个性，因而站立造型也是多变的，有很大一部分站立姿势是以以上三种站立姿势为基础进行延伸设计，综合地来进行角色站立姿势的设计，类型丰富（图4-73、图4-74）。

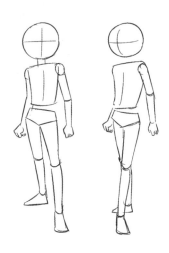

图4-73　综合站立姿势

图4-74　综合站立姿势　《魔兽世界》、《无尽隐秘》等游戏角色

4. 动态姿势

经过美术训练的人都知道，造型的基础练习是掌握素描的大关系，也就是我们常说的调子，黑、白、灰关系要明确，物体造型才能更加有立体感、生动。在进行角色结构造型的时候，我们要掌握的大关系是角色整体运动姿态。

动漫游戏角色造型与其他绘画造型艺术的不同之处，在于它是多体面的展示，而非单一体面的表现。角色造型的个性不单体现在静止的形态上，更重要的是它是动的图画。造型只有在运动中才能使个性得以完整体现（图4-75）。

图4-75　角色的多面动态展示

　　动态线是一至两根穿过角色身体的假想的线，设计动作最主要的元素。动态线是人体中表现动作特征的主线，动态线一般表现在人体动作中大的体积变化关系上。一个漂亮的动作会使你设计的动画形象更加有趣。在动态线的基础上绘制动态草图，用最简单的几何形体、带有简单特征的几何形体塑造角色的大形（图4-76）。

图4-76　利用动态线绘制角色动态

　　动态线分为C形和 S形两种，是指角色的动态当中提炼和归纳出来的主要线条趋势，这条主要趋向线有时候会表现为C形，有时候会表现为S形。

　　C形动态线动态姿势主要是依靠脊椎的曲线来进行主要动态的塑造，姿态比较舒展（图4-77）。S形动态线除了体现脊椎曲线之外，还加入了腿部的曲线，看上去更有动态，姿势更丰富（图4-78）。但是动态线不能出现过多的曲线，否则动作看上去较扭曲，动态不够清晰（图4-79）。

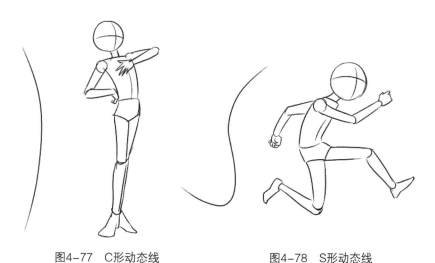

图4-77　C形动态线　　　　　　　　　图4-78　S形动态线

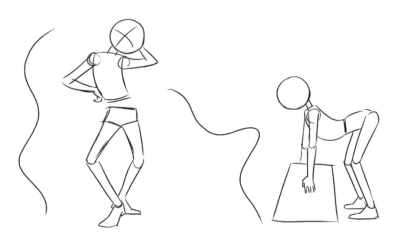

图4-79 动态线弯曲太多，角色动态不清晰

如何画好动态线呢？我们应该注意以下几个方面：

① 动态线是由人体动作变化产生的，它是外形上最明显、衣服与身体贴得较紧的部位。

② 画动态线时，要抓住大的部位，抓关键的动势并注意动态的重心。

③ 动态线是非常简练的线条，要根据动作的复杂程度决定动态线的多少，在每个动作中，主要的动态线仅有一条，其他的是动态辅助线（图4-80）。

④ 抓住人体的各个关键部位的结构关系，如头与肩、手臂与躯干、骨盆与腿、大腿与小腿的关节和小腿与脚的结合处。

当人物侧面时，动态线往往体现在外轮廓的一侧（图4-80）；当人物正面时，动态线会突出脊椎和四肢的变化（图4-81）。抓住动态线对于画好角色动态是至关重要的。

图4-80 动态线与动态辅助线

以脊椎为主的动态线为主动态
线，手臂、小腿为辅助动态线

图4-81 正面动态线

四、夸张与变形

动画和游戏的角色不是对大自然与现实生活的临摹，而是对自然界和生活中具体事物的内容进行提炼，抽取其中最具代表性、典型性的事件并将之融入我们对角色的理解之中，进而设定出性格各异的角色符号最后展示给观众（图4-82）。

图4-82　夸张的人物漫画（袁琳画）

没有个性的夸张就是没有灵魂的角色。动漫游戏角色的构思设定就需要设计师通过联想来塑造具有不同性格特点的角色形象。夸张是通过客观事物和现象作出超实际的扩大、缩小或变异的表现。同时表达强烈的思想感情，突出本质特征，运用丰富的想象力，对事物或者表情的某些方面加以夸大或者缩小并作艺术上的渲染（图4-83）。

图4-83 夸张的动画角色（袁琳画）

夸张变形带给人们的感觉是新奇的、幽默的，一个素描画得很好的人未必能将角色画得吸引人，而真正好的设计师是能够在真实人物的基础上将其进行夸张变形，形成独具特色的鲜明角色。动漫游戏的角色设计从本质上说就是对真实的人物、事物进行夸张的过程，即便是写实的角色也不同程度地进行了夸张，只不过夸张的幅度没有那么大而已（图4-84）。

图4-84 写实的动画角色（袁琳画）

1. 夸张的表现形式

在设计中把最能够体现人物性格和状态的元素进行极致夸张，把次要元素淡化处理。任何角色或者动作的夸张都是没有绝对标准的，不同个性的角色通过夸张完全可以改变角色带给人们的感觉。在表现形式上夸张一般分为三类，分别是加法夸张、减法夸张、变异夸张。

加法夸张就是 "言过其实"，比如胖的更胖、瘦的更瘦、高的更高、矮的更矮，等等，使每个角色之间的特征拉开距离，如同前面讲的基本形的创作手法一样，通过剪影清晰地分辨出不同的角色（图4-85）。利用体型的夸张变形来区别不同的人物，我们一眼就能区别每个角色的个性与身份（图4-86）。

图4-85　加法夸张

图4-86　动画角色朝廷宦官（赵婧画）

减法夸张就是在程度上极力向轻处表现，甚至予以故意忽略，比如角色忽略身体（图4-87）、忽略鼻子（图4-88）、忽略手脚（图4-89），等等，这种减法不但不叫人感觉别扭，运用得当的话会显得人物更加可爱、有趣，形成另一种独特的个性，尤其是在动画角色或者卡通风格游戏角色中经常用到。

图4-87 拟人化的冰激凌角色，简化了身体与四肢，只留下了头部与腿，同样显得可爱（陆蕙画）

图4-88 卡通风格游戏角色，角色造型被简化，有意地把四肢设计得小小的，塑造可爱的形象（袁琳画）

图4-89 《飞天小女警》的形象是从三个可爱的女孩子简化来的，突出女孩大大的头部、灵巧的动作，简化身体与四肢的细节，营造出平面设计般干净的效果

变异夸张也可以称为综合夸张，是指应用一些超乎想象又在某种情况下有着其合理性的事物进行有机的结合和连接，将原有的形态打破，重新组合，造成一种更加有说服力和震撼力的表现效果，在一些幻想题材的动漫游戏中经常会见到这种夸张形式。变异夸张与变形几乎是同时进行的，当夸张进行到某种形态后，角色就会产生变形（图4-90至图4-92）。

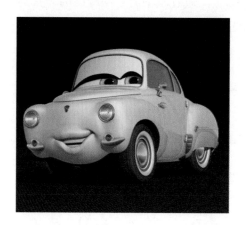

图4-90　《汽车总动员》中的角色把汽车和人类的身体部位进行组合夸张，构成有趣的拟人角色

图4-91　《怪物公司》中怪物的设计来自鸟类、家畜类和人类的变异夸张组合

图4-92　《巴巴爸爸》中角色的身体产生扭曲夸张，形成丰富多彩的形状，丰富了故事内容

2. 头部夸张

头部是角色设计的重要部位，头部的构成元素都可以成为我们进行夸张的内容。我们可以将正常的头部分为脸型夸张、眼睛夸张、鼻子夸张、嘴巴夸张、耳朵夸张等几个部分来进行，本节内容可以参考本章第二节角色基本形的讲解进行学习。

脸型夸张是头部夸张的第一步（图4-93）。通过脸型的不同程度的夸张与变形，给人造成的感觉也不同，将角色的个性很快展现出来（图4-94、图4-95）。

图4-93　脸型夸张

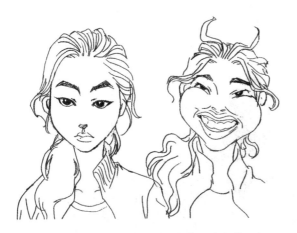

图4-94　正常的脸型与夸张后的脸型（袁琳画）

图4-95　《没头脑与不高兴》的夸张脸型

眼睛夸张（图4-96）、鼻子夸张（图4-97）、嘴巴夸张（图4-98）、耳朵夸张（图4-99）属于五官夸张，下面分别用图例来进行说明。

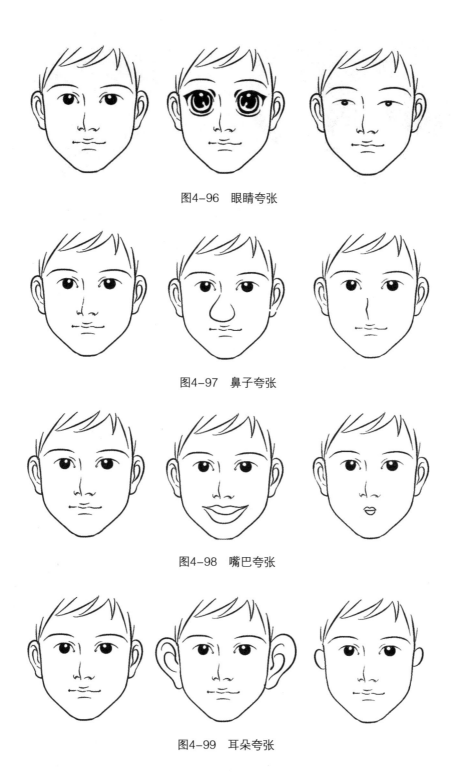

图4-96 眼睛夸张

图4-97 鼻子夸张

图4-98 嘴巴夸张

图4-99 耳朵夸张

日本风格的角色喜欢夸大角色的眼睛、弱化鼻子、嘴巴，显得人物可爱、神采奕奕（图4-100）。一些简单的角色眼睛却被简化为一个很简单的圆或者点（图4-101）。

图4-100　眼睛夸张角色　日本动画角色　　　　　图4-101　五官简化夸张角色　《Mirmo》

3. 体型夸张

真实的人物体型类型很多，但大致上我们可以将其分为正常型（图4-102a）、瘦高型（图4-102b）、矮胖型（图4-102c）、强壮型（图4-102d）、矮瘦型（图4-102e）、高胖型（图4-102f）等，而这些体型的塑造不是单独的某一部位发生夸张变形，而是身体各个部分共同作用的结果。

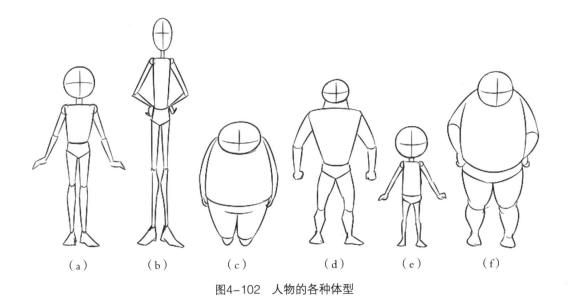

（a）　　　　　（b）　　　　　（c）　　　　　（d）　　　　　（e）　　　　　（f）

图4-102　人物的各种体型

在设计角色的时候既可以统一进行夸张，也可以将身体的局部进行夸张，也可以产生不同的夸张效果，给角色增添个性。大致分为夸张脖子（图4-103、图4-104）、夸张身体（图4-105、图4-106）、夸张四肢（图4-107、图4-108）等。

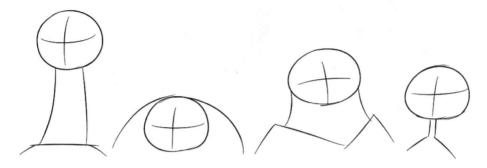

图4-103　夸张脖子长度、粗细

图4-104　夸张脖子的角色　《冤》（袁琳画）

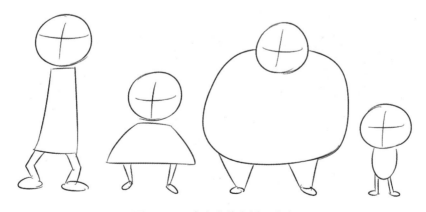

图4-105　夸张身体高矮、大小

图4-106　夸张身体高矮、大小（袁琳画）

图4-107　夸张四肢长短、粗细

图4-108　夸张四肢长短、粗细（袁琳画）

阶段训练：

1.训练题目：基本形组合+剪影练习

2.训练内容：根据圆形、方形、三角形等基本形，组合创造出具有鲜明个性的角色草图，充分发挥想象力进行夸张与组合；在此基础上给角色设计出鲜明的剪影与姿势。

（1）医生和4名病人；

（2）老师和4名学生；

（3）教练和4名球员；

（4）保姆和4个孩子。

3.训练要求：先对角色的性格、性别、身份等特征进行构思，然后用大的基本形绘制出人物草图，最后添加细节，各个角色之间形态对比要强烈、剪影明确、动态自然、能够体现角色的特点，不需要画太多细节。

案例：

老师和4名学生（张沐画）

保姆和4个孩子（高晋琳画）

老师和4名学生（王思萌画）

医生和4名病人（刘彦兰画）

医生和4名病人（赵毅画）

五、角色拟人化

　　动漫游戏的角色不只局限于对人物的设计，动物、植物、无机物等拟人化后都可以和人物一样具有自己独特的灵魂与个性。人们喜欢借助这些非人类的拟人角色来进行造型，一方面可以更深入地表达自己的作品主题，另一方面使用拟人角色使作品更加地可爱有趣或者具有意义。

　　拟人化的角色相对于人物角色来说更是对创造能力的一种考验，因为从这些动物或者物品身上我们必须找到与人类角色共通的地方，从而将两者有机地结合起来，这就需要我们平时注意观察生活、热爱生活，从生活中寻找拟人化角色的灵魂。

　　本节将分为两部分来讲解角色拟人化的造型技巧，分别是动物的拟人和物品的拟人，通过这两种拟人手法的学习，希望能够触类旁通，从生活中寻找更有趣的设计灵感。

1. 动物的拟人

　　动物的拟人就是给动物添加人的特征，拥有类似人类的脸，但保持动物的特征，可以有丰富的人类表情、类似人类的身体，可做直立行走或运用"手"，或说话，但仍保持一定动物的生活习性与运动特征，穿着人类的衣物或佩饰，做人类做的事情。根据之前讲的基本形的组合方法，可以直接将其应用到动物的拟人中。

　　我们可以将动物的拟人分成以人类为主的动物拟人和以动物为主的拟人两种。以人类为主的动物拟人是将拟人建立在人本身的形体之上，大的外形以人为主，在人的造型上添加动物的特征，这样的动物拟人较为贴近人物，用在较写实的作品中（图4-109、图4-110）。

图4-109　以人类为主的动物拟人（胡东杰画）

图4-110　以人类为主的动物拟人（高晋琳画）

　　以人类为主的动物拟人在绘制的时候遵循设计人物大轮廓（图4-111a）——添加动物特征（图4-111b）——整合细节部分使其衔接自然（图4-111c），就可以创造出最简单的动物拟人角色。

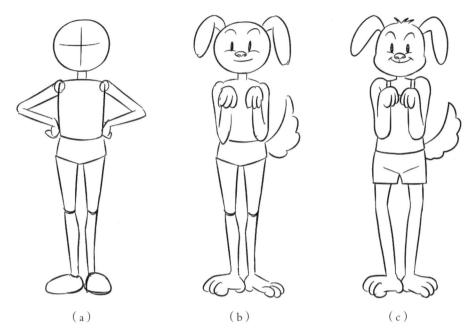

（a）　　　　　　　（b）　　　　　　　（c）

图4-111　以人类为主的动物拟人画法

以动物为主的拟人是建立在动物的造型基础上，给其添加人的特征，使其能够像人类一样进行活动，但整体上看造型还是以动物的特征为主（图4-112）。

图4-112　以动物为主的拟人——小鲤鱼设计（袁琳画）

在进行动物拟人的时候，有个好办法就是，先画一个人，再画一个动物，然后想办法将两者结合，把中间的过程画出来，这个中间的过程就是一个动物拟人的形象（图4-113、图4-114）。

图4-113　动物到人的演变（胡东杰画）

图4-114　动物到人的演变（程宗楠画）

2. 物品的拟人

　　物品是指一切植物和没有生命的物体。物品的拟人就是将这些物品赋予人类的特征和行为，使其变成可以像人类一样进行表演的角色。物品的拟人在设计上具有很大的灵活性，我们可以将其分成直接拟人和视觉双关拟人两种。

　　物品的直接拟人是最简单的拟人方法，就是在物体的表面放上一张脸，再加上四肢就变成了一个拟人的角色（图4-115）。这样的拟人适用于一切植物、物品等，我们生活中所有可见的物品都可以采用这种方法快速达到拟人的目的。但是在拟人的时候也需要考虑五官和四肢所处的位置，以便于使角色看起来更舒服。

图4-115　给台灯加上五官与手变成拟人角色（袁琳画）

在设计无生命的角色时，要学会使用视觉双关语，我们称其为视觉双关拟人。视觉双关拟人是指从物体的轮廓中寻找其他生物的样子而不完全丢掉原始物体特征，将有机和无机元素结合起来（图4-116）。先选择好要拟人的物品，然后仔细观察，找到它与人或动物相似的特征，再用物品的构成元素替代人或动物的相关元素，完成物品的拟人。

图4-116　视觉双关语——文具与鸟（杨玉如画）

阶段训练：

1.以十二生肖为原型进行创作，要求在保持动物的基本特征不变的基础上，进行拟人化练习。

2. 做一组餐具的拟人化练习，将物品本身的特征与人类的特征进行结合，造型设计要求有趣味性。

第五章
角色设计分类详解

　　动漫游戏作品风格多种多样，其角色造型跟随作品的风格也呈现出丰富多彩的景象，其实要真想将我们所见过的角色设计风格进行归类与界定，那真不是一件容易的事情。每个角色设计师都有自己所擅长的风格，在此基础上再掌握一至两种风格就可以了，如果你想掌握所有的风格，那么最终的结果不是你成为大师，就是你完全丢失自己的风格。

　　风格是怎么形成的呢？很多初学者都会问到这个问题，答案就是临摹！没有人天生就会绘画，我们所绘画出来的事物全都来自于我们对已有事物的观察与记忆，在大量地临摹自己喜欢的作品时（这个临摹范本可以是各种各样的风格），临摹的过程就成了最好的学习过程，而且会渐渐发现自己与众不同的技法与特点，慢慢就形成了自己的风格（图5-1）。

图5-1　从临摹的过程中慢慢形成自己的风格

　　经过了第四章的基础训练，我们了解了一些造型的基本方法。本章是进行角色设计的具体环节，我们将角色的设计的风格按照绘画的难易程度分成四类，从简单到复杂进行分类讲解，看看自己适合什么风格。

　　不能盲目地去做角色设计，要讲究步骤与方法。每次设计之前要回答几个问题。

　　首先，设计的目的是什么？这是设计的基础，这个问题包含两种情况：第一，是有目的的设计，在设计之前有文字或者具体的设计要求进行约束来设计角色；第二，是无目的的设计，就是随便画，这种情况下如果不知道画什么不妨从画自己开始，或者从身边的朋友找灵感（图5-2），公众人物也是很好的素材（图5-3）。

图5-2　自己或者身边的朋友都是很好的素材

图5-3　利用公众人物设计角色

其次，设计什么样子的角色？这是设计的重点，当你已经拿到了设计题目或者知道自己要画什么了之后，就要开始进行设计素材的收集，然后把你的想法落实在纸上，画出来。前面的章节我们已经知道了很多设计的基础知识，在设计的时候就要根据设计的内容把它灵活运用。

最后，设计要用什么技法体现出来？这部分讲的是绘画的技法，这是在设计的基础之上，将设计草图的内容用手绘或者软件的方法绘制成正稿，作为进行动画或游戏创作的前期部分，为后续的制作做好充分的准备。本章重点为大家讲解线描法、块面法等角色绘画技法。

一、简单型角色设计

这种角色造型极其简单，但并不代表制作起来就简单，它的设计需要设计者对于造型语言有极好的归纳能力，用简单的形象表达出丰富的内容。造型一般使用简练的造型语言，对于形象进行精简，使观众能够快速记住这个形象，除了卡通类型的动漫游戏作品之外也经常用于吉祥物设计或者公益推广的造型（图5-4）。

图5-4　吉祥物角色

这种风格还有一个可爱的称呼叫做Q版角色，Q来自于外语cute的发音演变，就是可爱的意思。正如它的含义一样，Q版角色给人的感觉就是可爱、幼小（图5-5）。很多动漫游戏作品同时可以有写实型的角色和其Q版形象两种造型，以适应不同的受众群。

图5-5　简单型角色

由于制作成本的限制，动画用简单型角色进行造型设计的作品占的比重很大，简单型角色线条简练，造型较适合于创作夸张风格的二维动画或三维动画。这种类型的造型在游戏中多用于面向少儿或女性玩家的休闲游戏，可爱的形象能够给人轻松愉悦的感受。

1. 简单型角色面部画法

简单型角色的面部绘画以简单的五官造型为主，省略掉很多的细节，角色多是以圆形、方形、三角形等基本形来进行造型。我们可以平时多注意收集和设计五官的画法（图5-6），在用的时候将这些素材进行随意的组合，配合不同的脸型就可以产生千变万化的角色啦！有的造型为了凸显角色可爱，可以直接把鼻子忽略掉（图5-7）。

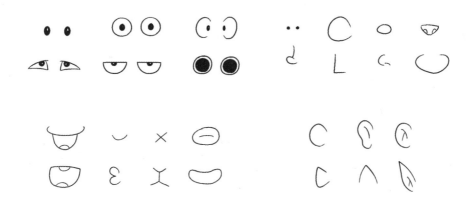

图5-6　常见五官造型

图5-7 将五官元素任意组合生成的角色头部

2. 造型技法

简单型的角色造型在设计的时候要掌握以下几点：

① 用基本形来进行造型，或者是在基本形的基础之上进行简单的变形；

② 线条要流畅、简洁；

③ 造型在大多数情况下头比身子要大，但少数情况下例外。

大家可以结合第四章角色的内容来学习本节内容。下面我们就根据一些案例来具体说明简单型角色的造型技法，在掌握了基本的技法之后，要注意资料库的建立，要多多练习，努力创作出富有个性、充满活力的角色！

案例①　傻胖脸造型设计

【设计思路】傻胖脸是笔者自己和家人的化身，是从生活中发现乐趣，并想要表达出来从而产生的动漫角色。傻胖脸的性格是傻傻的、贱贱的，典型的屌丝级人物，爱吃、爱喝、爱睡大觉，见到他的人都想去捏捏他的胖脸，他也不会生气（图5-8）。尽可能简洁地造型能够快速被人们记住，圆圆的头部和四肢，弱化了五官、突出了红脸蛋，并且不会涉及太多审美的问题。这样的设计比较自由，我们可以给他穿上各种服装、配上各种道具，做出许多有趣的造型（图5-9）。

图5-8　傻胖脸（袁琳画）

图5-9　傻胖脸各种造型（袁琳画）

案例 **2** 大兴西瓜节吉祥物设计

【设计要求】秉承"以瓜为媒，广交朋友；宣传大兴，发展经济"的办节宗旨，传承西瓜节历史的品牌和理念，将原来具备品牌价值的西瓜节商标形象赋予新的时代气息，展现健康富有活力和朝气的卡通形象，同时要考虑形象后期的演变设计、适合于终端活动和推广，卡通形象的诉求点为简洁时尚、阳光青春、活力拟人化。

【设计说明】圆蜂是两只西瓜花纹的小蜜蜂，左边的绿色蜜蜂整体采用的是瓜皮的花纹，右边的红色蜜蜂是采用的瓜瓤的元素，两个蜜蜂头上的触角分别是 "大"和"兴"两个字，绿蜂头上的"大"是一个小礼帽形状，象征着大兴的精神面貌，红蜂头上的"兴"，是一个王冠形状，象征着大兴西瓜不可动摇的地位，两只蜜蜂在侧面看是两个半块西瓜，可以合成一个完整的西瓜，身后的小翅膀正好就是西瓜的叶子，具有很强的趣味性。蜜蜂是勤劳的生物，它们肩负着传播花粉的重要使命，而把西瓜形象设计成两只小蜜蜂，寓意为大兴的西瓜就像蜜蜂一样，把大兴的新面貌让全世界都看到（图5-10）。

图5-10　大兴西瓜节吉祥物"圆蜂"及其设计草图（袁琳画）

案例 ❸　世博会吉祥物设计

【设计要求】吉祥物的形象和名称设计应当体现"理解、沟通、欢聚、合作"的上海世博会理念，符合"城市，让生活更美好"的上海世博会主题。吉祥物设计应融合中国文化特色，反映上海世博会的形象，具有拟人化特征，并深受大众喜爱；在表现形式和技术手段上，适用于平面、立体和电子媒介的传播和再创作（图5-11）。

图5-11　上海世博会吉祥物"洋洋"（袁琳画）

【设计说明】"洋洋"的设计灵感来源于上海的"海"字，他是海里的一朵小浪花，形象活泼可爱，能够被大众所喜爱，整体给人一种很流畅、随意的感觉。海洋是广阔的，具有包容性，能够很好地体现"理解、沟通、欢聚、合作" 的上海世博会理念。"洋洋"在活动的时候，头上4个写有expo的小气泡一直跟随在他的左右。"洋洋"的中文名称来源于"海洋"，英文名称"Youngyoung"意为年轻，有朝气。

案例 ❹　2014年南京青年奥运会吉祥物设计

【设计要求】充分体现青奥会精神及南京形象；能博得广大青少年的喜爱，并独具特色，有别于其他赛事的吉祥物；具有衍生产品开发价值（图5-12、图5-13）。

【设计说明】

皮皮

M55 Y100/R241 G141 B0
Sun-orange太阳橙
M80 Y30 /R0 G178 B187
Turquoise-blue土耳其玉色
M20 Y100/R253 G208 B0
Chrome-yellow铬黄

虚拟故事

在南京这个拥有千百年历史的古都中，从古至今都孕育着一只神奇的生物，他就是碎邪（貔貅）"皮皮"，但他一直沉睡着，并默默守护着这座古老的城市直到青奥会的脚步踏到这里，"皮皮"被这份青春的力量吵醒了，由于城市与原来的样貌天差地别，好奇又活泼的"皮皮"便开始在城市的街道中游荡，他发现"青奥会"很神奇又有很多人友善地与他成为朋友，"皮皮"便自愿为青奥会宣传，他用神奇的奥运五色角把青奥会的青春力量散布到城市、国家、世界的每个角落，让全世界的朋友们都感受到这份青春的活力。这期间"皮皮"也认识到了更多的世界别的地方的朋友，也同时有更多的青年人参加到青奥会的队伍中，"皮皮"也了解到自己是多么享受自己的这份工作，就这样，他一直带着这份力量守护着青奥会。

设计理念

本届青奥会在南京举行。南京是一个文化底蕴相当浓厚的城市，从市徽和标志性建筑中得到灵感，决定使用（貔貅）作为主体形象，整体造型参考了中国民间传统的"醒狮"的形象，头顶上的五色角运用的是奥运五环的颜色，象征着青奥会。整体颜色以白色为主，并添加了太阳橙、土耳其玉色、铬黄三种颜色，整体给人一种清新、自由、活泼和富有朝气的感觉。而名字"皮皮"则是从"貔貅"的第一个字的谐音联想而成的。"皮皮"这个名字充满朝气，让青奥会的"青"主题更好凸显。

图5-12　青奥会吉祥物（刘嘉鑫画）

白鳍豚"宁宁"设计理念

　　南京特产动物白鳍豚性格活泼友善，很好地对应了中国的好客和青少年的活力，名字采用了南京的简称——"宁"字的叠音，让人一下就能联想到一个善良的小姑娘的造型。

　　在造型方面上，旗袍和绣花鞋作为中国的特色，并且旗袍的无袖的设计和短下摆可以让宁宁充分活动，在细节方面使用了南京的市花——梅花作为胸前的装饰，南京的特产——楠竹花作为头部装饰，在旗袍的花纹上，使用了雨花石的花纹作为素材。

　　宁宁的性格十分活泼，并且有一副乐于助人的热心肠，最喜欢的运动是水上运动，对田径类的运动很不擅长，但是经过非常努力的练习后取得了不错的成绩。

图5-13　青奥会吉祥物（杨砚林画）

二、写实型角色设计

这是最常见的角色类型，比简单型角色复杂，具有丰富的细节，角色的表情、动作等设计更细致，动漫游戏角色设计中运用最广泛，大多数主流动漫游戏作品都是偏写实型的角色类型（图5-14）。

图5-14　偏卡通的写实型角色

写实型角色的比例、表情与动作的设计都接近于真实的人物，相对于简单或者普通的卡通角色，这类型的角色趋于写实与卡通之间，更容易使观众产生真实感，并保有动画的想象力（图5-15）。

图5-15　写实型角色

还有一种影视中的虚拟角色是写实型的角色,他们接近于真实的人物形象,在美国大片的特效中和大型游戏中最为常见。这种角色造型追求真实感,用技术手段以及扎实的基本功塑造出以假乱真的角色,给观众以震撼(图5-16)。

图5-16 写实型形象

设计写实型的角色,首先要对其面部进行设计。除了脸型之外,人物的面部长相与表情都是通过角色的五官来体现的,五官的刻画关系到一个角色的整个面部特征。五官主要包括角色的眼睛、眉毛、鼻子、嘴巴和耳朵这几个部分,下面我们就来分别讲解其特征与绘画方法。

眼睛是心灵的窗户,使人表达情感的重要器官,眼睛和眉毛一般情况下是同时设计的,眉毛和眼睛所在的肌肉群通过表情的变化往往呈现相互关联的运动。眼睛由眼窝、眼睑、眼球、眼白、泪阜等几部分组成(图5-17、图5-18)。

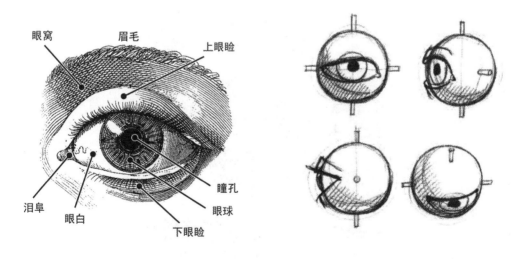

图5-17 眼睛的结构

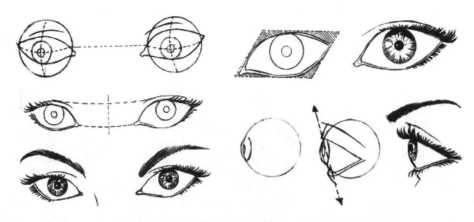

图5-18　眼睛的内在结构为圆球形，被上、下眼皮包裹

　　不同风格的角色对于眼睛的刻画差别较大，欧美注重眼睛的结构，省略掉了很多细节，比如睫毛，而日本动漫则夸大眼睛的大小，把瞳孔设计得极为丰富（图5-19）。

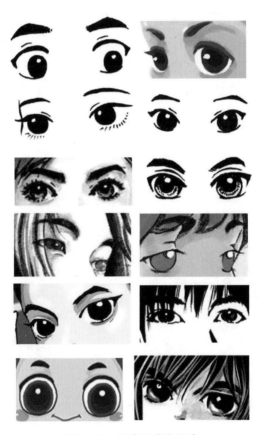

图5-19　各种眼睛的设计

鼻子在整个面部处于中心的位置，在面部呈现垂直、突起的状态，将面部左右一分为二。一般情况下它不做运动，除非有很剧烈的面部表情。鼻子的外形大致上为一个三角形，结构上由鼻根、鼻梁、鼻侧、鼻翼、鼻孔和鼻尖六部分组成（图5-20）。欧美有些比较卡通的动漫角色会夸大鼻子的大小，突出大鼻子的设计，有些日本动漫为了美观而忽略鼻子的结构甚至将整个鼻子全部去掉（图5-21）。

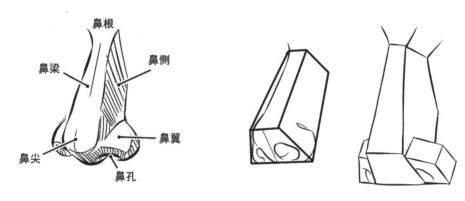

图5-20　鼻子的结构

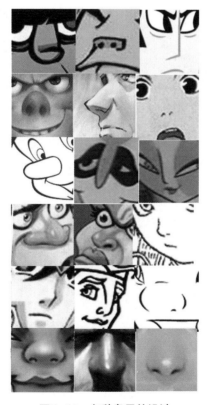

图5-21　各种鼻子的设计

嘴在整个角色的面部动态是最多最丰富的，嘴巴是最灵活的五官，它能够准确地表达角色的情绪与个性。嘴由人中、上唇、下唇、上唇结节、嘴角、颏唇沟等结构构成，在运动时由嘴周围的口轮匝肌带动运动，在设计时要特别注意各个结构之间的叠加关系（图5-22）。嘴部结构在设计的时候可以保持嘴部结构，也可以将结构简化，只留下重要的部分（图5-23）。

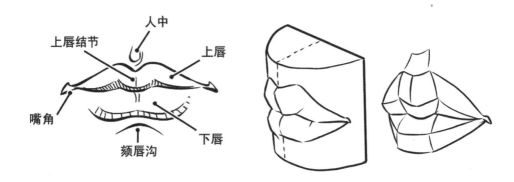

图5-22 嘴的结构

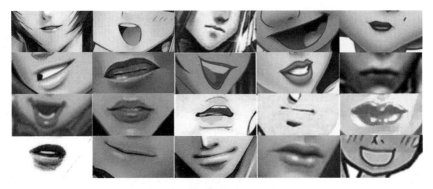

图5-23 各种嘴的设计

耳朵处于头部两侧，正常状态下不做运动，主要用作装饰。耳朵的结构较为简单，在进行角色设计时根据角色的风格可以将耳朵表现得复杂或者简单（图5-24）。写实类型的角色耳朵刻画比较细腻深入，而动画考虑到节约成本的问题，往往将耳朵进行简化，只保留主要的轮廓及其结构（图5-25）。

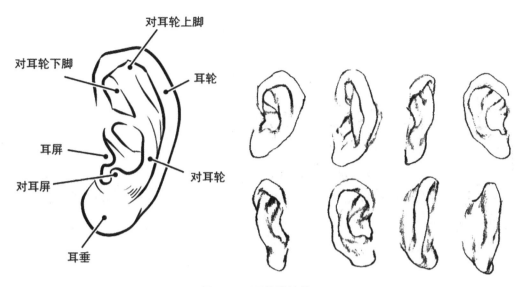

图5-24　耳朵的结构

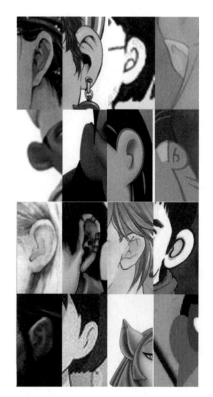

图5-25　各种耳朵的设计

　　对写实型角色五官进行学习后，我们将介绍写实型角色的设计方法，下一节我们将按照线描法、剪影法、罩染法的绘制技巧对写实型角色进行讲解。

三、线描造型法

线描法是初学角色设计的人必须掌握的技法，是指利用线条进行角色的形体塑造，最终进行层层着色完成彩图的绘制。线描法要求设计者能够用流畅的线条表现形体，这种造型法在数字绘画的时代绘制十分方便快捷。

本节我们将用少年角色作为案例来讲解线描的造型法。少年角色一般情况下是指18岁以下的少男、少女角色，由于动漫游戏的受众群多是青少年，这类角色在动漫游戏作品中经常以主角身份出现。

参考人体比例图我们可以发现，少年角色的身材比例相较成年角色矮小、头身比例约为7个头以下，年龄越小，头部越大，身体的肌肉结构也随着年龄偏小而逐渐不明显。随着年龄增长，腿部的比例是发展最明显的，年龄越大，腿部越长（图5-26）。

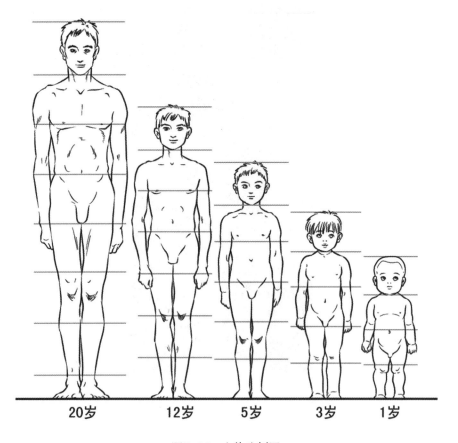

图5-26 人体比例图

少年角色的体态特征我们可以进行总结，采用基本形与动态线相结合的方法，进行大的姿态设计，所有少年类角色几乎都可以使用这些基本特征，在此基础上调整比例与添加细节（图5-27）。

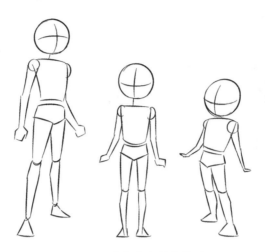

图5-27　少年角色基本体型

少年角色是魔幻类游戏中最常见的主角类型，例如《最终幻想》（图5-28a）、《勇者斗恶龙》（图5-28b）、《侍魂》（图5-28c）等，一般情况下这类角色都是少年，他们肩负着拯救国家、拯救世界的重任。为了这个伟大的梦想，主角要带上武器，与敌人展开战斗。这类型的角色绘制的要点在于，要画出主角的气势。这种类型的角色造型很多参考西方中世纪的造型，不要凭空想象，设计之前充分收集关于武器、盔甲、服装等相关资料，再结合角色的身份进行整体设计（图5-29）。

（a）　　　　　　　　　　（b）　　　　　　　　　　（c）

图5-28　少年角色

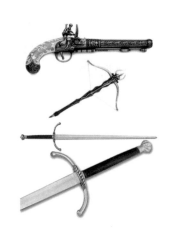

图5-29　中世纪盔甲、兵器素材

【角色名称】布雷沃

【角色描述】魔幻世界的少年战士，自己的国家面临魔兽的袭击。自己的亲人被魔兽迫害，他必须拿起爸爸留下来的武器，与敌人展开殊死搏斗，报仇雪恨，同时完成了从一个孩子到一个战士的蜕变。

【绘制步骤】绘制的首选软件是Photoshop，如果想绘制更流畅的线条可以选择SAI。记住这些软件只是工具，就跟平时的纸笔一样，不要被它左右（图5-30）。

（a）先将角色大的姿态用简单的基本形绘制出来，设计好大的体块与动态曲线，A字形的站姿是最常用的姿势。这一步是基础，尽量用长线条绘制

（b）将大的形态绘出丰富的造型，这一步是想法逐渐形成的过程，细化过程中想法也会有些许改变，这些都不要紧，逐渐强化你觉得重要的线条。给角色加上披风，最后给他设定的兵器是大刀

（c）调整草图透明度，用干净的线条勾勒细节，尽量不要出现断线、交叉线，注意线条之间的叠加关系，不断缩放试图来观察图像

（d）隐藏草图层，观察角色整体姿态、微调，之后就可以上色了（上色部分请看附录的彩图部分）

（e）在给线条着色之前要新建图层，分别给头发、皮肤、盔甲、斗篷、兵器建立图层并填充颜色，图层建得越细，后期的工作就越省力，我们可以在着色后用调整工具来修改已经上好的颜色

（f）选中某一个色彩图层，载入选区后就可以给其添加阴影的颜色，阴影的颜色要选与其本身色彩同色系的颜色，并且不断放大和缩小来观察画面的整体效果。其他图层的着色效果也是一样的

（g）把身体各部分的颜色调整好并逐渐添加阴影部分，人物的面部是刻画的重点

（h）不断细化阴影与高光部分，塑造出角色的立体感，利用渐变等工具使画面看起来更丰富，身上的花纹等细节也要仔细刻画。一切绘制完毕后进行微调，最基本的上色步骤就完成了

图5-30　线描造型法设计步骤

四、块面造型法

　　块面造型法是先将角色大的形态勾勒出来但不做描线处理，而是用大的色块先将角色的形体色块塑造出来，找到大的形体关系，再逐渐在上面添加细节，最终完成的作品具有体积感和真实感。这种造型法需要设计者有较好的造型能力，已经对角色造型方法有一定的认识，也有的人在绘制之前不知道从何下手，也可以通过照片的临摹来进行初步的练习，慢慢地找到自己的绘画方法。

　　本节我们以萌宠作为创作的基础，来用块面造型法塑造一个可爱的小动物。宠物是一类用于舒缓人们精神压力带给人心情愉悦的小动物。萌宠最大的特点是可爱、萌、呆，有一种十分惹人爱的感觉。我们经常在一些儿童插画或者动画中发现萌宠的影子（图5-31）。

图 5-31　可爱的萌宠插画

　　萌宠最大的特征是像孩子一般的面孔，一般看起来年龄很小，有着大大的头、水汪汪的眼睛、无辜的神情、小小的爪子，看起来惹人怜爱，想要画好萌宠最好的办法就是观察孩子，走入孩子的纯真世界，去用孩子的目光看待一切，就能画出来萌而有趣的动物（图5-32）。

图 5-32　日本插画家村松城笔下的动物

　　当然除了写实型的画法之外，在绘画萌宠的时候还可以用平面的方法进行绘画，塑造出各种有个性的角色，这些角色可以应用于儿童插画、动画、漫画、游戏等多个领域（图5-33）。

图 5-33　夸张变形的萌宠

　　下面我们就以一幅动物的照片作为创作的基础（图5-34），为大家讲解萌宠的块面造型法绘画步骤（图5-35f）。

图 5-34　可爱的猴子照片

这幅照片就是这次绘画即将参考的小猴子。拿到素材首先对动物进行观察，我们可以观察到它有又白又长的毛，还有大大的眼睛和小小的鼻子与嘴，很乖地坐在树上，同时好奇地看着镜头。

（a）我们首先填充一个深一点的背景，为的是上色的时候衬托猴子白色的毛。用普通的画笔进行起形，利用我们前面学过的知识对猴子进行夸张变形处理，将头和五官放大，并且身体紧缩，显得很乖

（b）将线条透明度降低，接下来新建图层，用粗糙一点的笔刷，用大的色块塑造猴子的体块关系，这一步不要考虑细节，主要是形要准确

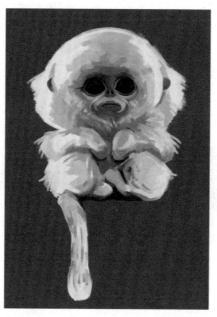

（c）完成后就可以把参考用的草稿关掉了，看一下整体的关系，猴子的形基本出来了，也有了一些立体感，在塑造体块的时候颜色尽可能丰富，单一的颜色塑造立体感的效果会很薄弱

（d）这时新建图层就可以用较小的笔刷刻画细节了，重点的刻画在面部，毛发的刻画还是以大关系为主，要不断地和照片作对比，找出不足之处

（e）最后就是用笔刷来做过渡颜色，把
比较明显的笔触用画笔轻轻地过渡过去，
使画面看上去很细腻，同时还是不能丢掉
体块的塑造

（f）最后就是点睛之笔了，新建图层，用
较浅颜色较细的笔刷仔细刻画毛发，眼睛
上的高光是让眼睛炯炯有神的关键，一个
可爱的萌宠角色就诞生了

图 5-35　块面造型法设计步骤

　　利用我们刚才教的方法，可以多多搜集喜欢的小动物的照片来进行练习，慢慢地
掌握规律，就可以画出具有独特魅力的萌宠角色（图5-36、图5-37）。

图 5-36　可爱的动物素材

图 5-37　猫咪（袁琳画）

阶段训练：

1. 设计一个运动会相关的卡通吉祥物。

要求：设计理念要符合体育的精神，形象不能过于复杂，要容易让人记住，造型上采用简单型的角色设计，并附上设计说明，并给吉祥物绘制3~5个运动项目的延伸形象。

2. 利用线描造型法设计一个少年角色。

要求：少年角色为手拿兵器的16岁少年，写出角色身份等文字说明，最终要求形象站姿符合角色身份，用线描造型法进行着色，构图完整、动作自然、色彩和谐、画面效果好。

3. 利用块面造型法设计一个萌宠。

要求：找一张喜欢的动物照片作为参考，利用夸张变形的原理对动物造型做设计，用块面造型法进行上色，要求造型可爱、体块关系准确、色彩和谐、画面完整，给人美的享受。

第六章
角色设计规范

每个动漫游戏作品的产生都要经过一系列漫长的制作过程，在这个漫长制作过程中，有些原本设计好的东西会随着想法的变化和参与者的增多而有所改变，一旦改变，出来的作品就会有前后不一致、风格不统一。这就需要动漫游戏的创作者在前期设计的时候就做好充分的准备，将角色的设计进行一个统一的规范，将能够预想到的种种设定在前期设计的时候做一个详细的规划，中期制作就会完全按照前期的设定进行，不管制作者想法如何变化、制作人员如何增多或者人员如何变化，我们所遵循的规范就只有一套，那就是我们的角色设计规范，也是保障动漫游戏作品质量的重要前提。

动画角色设计规范与游戏角色设计规范既有共通的地方也有差异，本章将以此分为两个部分来进行讲解。

一、动画角色设计规范

动画的前期角色设定我们分成比例图、转面图、表情设计图、动作设计图、细节图、效果图几个方面来进行设计。本节以笔者团队创作的动画短片《冤》的前期设定来进行说明。

1. 比例图

比例图是将动画中出现的所有角色并排放在一个平面上，以此来表现角色之间的比例关系，在设计角色的时候要充分考虑每个角色的身高与体型，在比例图中进行设定，中期制作也要按照比例图的大小对每个镜头进行设计（图6-1）。

图6-1　比例图（欧衡画）

2. 转面图

动画角色出现在动画作品中不是静态的展示而是一个动态的全方位的展示过程，就像电影演员一样，要肩负起表演的重任。角色在作品中任何角度都要提前设计好。角色的转面设计就是能够根据所设计的角色将其关键的转面绘制出来，并且保证这些转面结构的一致性、为后续动画制作提供不同角度的范本（图6-2）。三维动画前期设定至少要有角色正面与侧面视图，作为建模的参考用途，三维人物的设计稿一般是将手臂平行抬起，以防遮挡，提高建模效率（图6-3）。

图6-2　转面五视图（欧衡画）

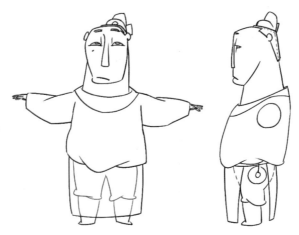

图6-3 三维建模用正侧面（欧衡画）

　　一个角色的转面设计数量并没有严格的规定，可根据角色的主次以及需要表现的细节多少来定，通常有三个转面（正面、侧面、背面）、四个转面（正面、侧面、正侧45°、背侧45°）和五个转面（正面、侧面、背面、正侧45°、背侧45°）之分，最终的目的是清晰地展示角色各个角度的细节与结构，如果将几个转面连接成动画，若形成角色很流畅的旋转动画，那么说明角色的转面设计是符合规范的，转面越多细节体现得越完整。

　　角色设计转面图除了全身转面之外，还包括头部的转面，头部是角色进行表演的重要部分，在进行头部转面设计的同时还会与角色的表情相匹配（图6-4）。

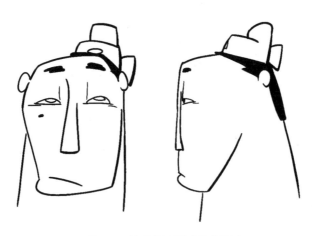

图6-4 头部转面图（欧衡画）

3. 表情设计图

在动漫的前期设定期间，设计师要对角色的各种表情都预先做尽可能多的精确的设定，为保证动画师在后期制作动画时能有参考，不至于"一人千面"（图6-5）。

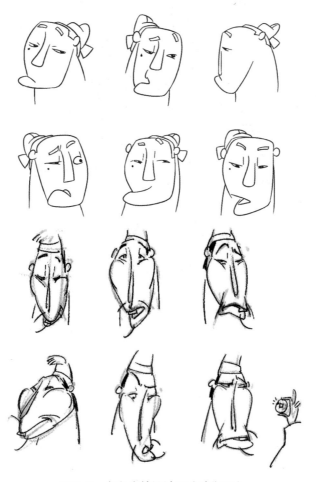

图6-5　角色表情设计图（欧衡画）

角色的内心活动丰富，性格特征多样时，主要是靠面部表情的变化来表达。对人类表情的研究就是对人类情感的解读，人的一颦一笑在不经意间将内心最真实的情感带到了观众面前，帮助我们理解角色、理解故事。

脸部的表情是由脸部的肌肉运动引起的，肌肉的运动带动五官发生变化，从而形成喜怒哀乐等表情。在平时多多观察各种人物的表情，研究不同的表情五官产生的变化，逐步建立自己的表情资料库，随时调用需要的表情，还有一个更方便的随时研究表情的方法，那就是找一面镜子，对着镜子观察自己的表情。

4. 动作设计图

和表情设计的作用一样，动作的设计是前期工作重要的一环，角色设计师需要根据脚本和角色形象将后续有可能出现的动作进行设计，中期制作人员可以根据动作设计图来进行中期制作，确保制作的过程保持统一性（图6-6）。

图6-6　角色动作设计图（欧衡画）

5. 细节图

细节图将角色设定的内容做了更细致的说明，包括角色相关的一切细节，比如各部分的比例、服装的细节、三维建模要注意的地方、手脚特别的画法，甚至细致到牙齿和手指甲。作为一个专业的角色前期设定来说，这都是必不可少的，它为我们后续的制作做了更加全面的说明，使我们能够更加直观地进行参考，能够避免很多后续中有可能出现的问题，一个优秀的角色设计师必须具备想到一切细节的能力，前期做的这些大量工作会为中后期的制作节约大量成本（图6-7）。

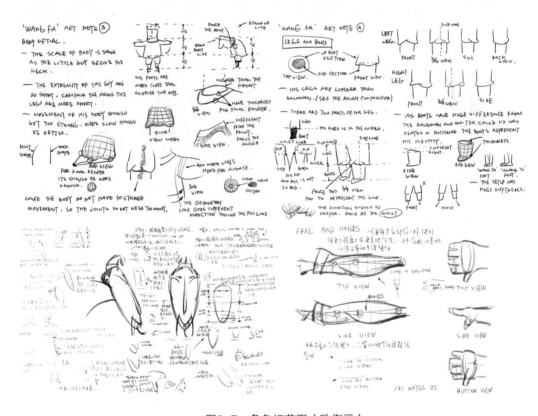

图6-7　角色细节图（欧衡画）

6. 效果图

效果图是展示角色设计最终效果的图，是我们还没有看到动画之前用以了解角色风格的最终稿。效果图一般以彩色来表现，除了角色的造型之外，还需要对整个动画的风格有一个统一的设定，使角色与风格保持一致（图6-8）。

图6-8　角色设计效果图（欧衡画）

二、游戏角色设计规范

　　游戏的角色设计与动画的角色设计相比需要在设定上花更多的时间，做得更细。由于大部分游戏属于商业项目，因此对于规范的要求更加细致具体。一套完整的游戏角色设计规范包括概念设计图、转面图、服装道具设计图等。

1. 概念设计图

　　概念设计图是设计师将角色最终面貌呈现出来的效果图，是角色设计师最重要的工作，这项工作直接关系到角色最终在作品中的样貌，体现了角色乃至整个作品的风格特征，是我们清晰地了解角色的重要途径。概念设计图并不是只有一张，设计师要根据要求绘制大量的草图或者设计稿，而我们看到的最终概念设计图不过是设计师在经历了一系列的创作后最终的定稿，大量精彩的工作都在幕后，里面包含着角色设计师的辛勤劳动。著名华裔概念设计师朱峰用大量的概念图设计征服了我们，这些设计图充满着设计师的智慧（图6-9）。

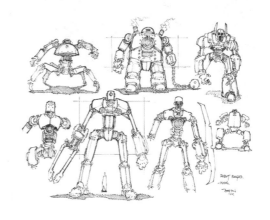

图6-9　概念设计图（朱峰画）

2. 转面图

转面图是将设计师的概念设计做一个多角度的展示，概念图大部分都是单一的角度，一般正面居多，但是在作品中，角色并不是只有一面对着观众，这就需要设计师将背面或者侧面等我们看不到的部分设计出来。游戏这种工业化生产的流程，需要在制作过程中有严格的过程进行控制，以便于在工作中保持流畅的制作与沟通（图6-10）。

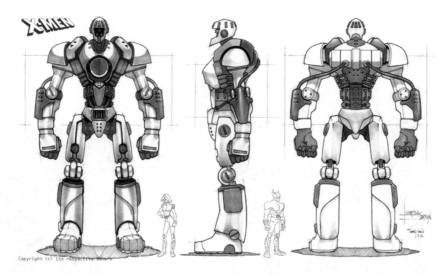

图6-10 转面图

3. 细节设计图

　　游戏角色的细节设计图和转面图一样，都是在角色设计概念设计图的基础之上，对角色的服装、道具、发型、动作、表情等细节进行扩展设计。这里面包含的内容要根据策划的方案，尽可能全面地展现角色的各种细节（图6-11）。

图6-11　细节设计图

参考书目

[1] 苏海涛.游戏动画角色设计[M].北京：中国青年出版社，2011.

[2] 杨晓军.动画角色造型设计[M].安徽：安徽美术出版社，2007.

[3] 凌清.动画造型设计[M].浙江：苏州大学出版社，2006.

[4] 沈宝龙.动画造型设计[M].北京：人民美术出版社，2008.

[5] 张勃.魔幻游戏造型设计[M].上海：上海人民美术出版社，2009.

[6] 张静.动漫造型基础[M].北京：高等教育出版社，2006.

[7] 塚本博义.卡通角色设计[M].北京：中国青年出版社，2006.

[8] 陈惟.CG插画技法[M].北京：海洋出版社，2007.

[9] 谭东芳，丁理华.动漫造型设计[M].北京：海洋出版社，2007.

[10] 白洁.超级动漫角色彩绘技法[M].北京:人民邮电出版社，2011.

[11] 金琳.动画造型设计[M].上海：上海人民美术出版社，2006.

[12] 武毅恒.动漫速写基础[M].上海：上海人民美术出版社，2011.

[13] 陈惟，游雪敏.CG插画全攻略——基础篇[M].辽宁：辽宁美术出版社，2011.

[14] 陈惟，游雪敏.CG插画全攻略——提高篇[M].辽宁：辽宁美术出版社，2011.

[15] 陈惟，靳明，韩磊.CG插画创作[M].北京：京华出版社，2012.